놀라운 생활 속 화학 이야기

따따따 화학닷com

놀라운 생활 속 화학 이야기

따따따 **화학**&**com** 개정판

찍은날 ┃ 2013년 4월 10일
펴낸날 ┃ 2013년 4월 17일

엮은이 ┃ 손 동 식
펴낸이 ┃ 조 명 숙
펴낸곳 ┃ 도서출판 북도드리
등록번호 ┃ 제16-2083호
등록일자 ┃ 2000년 1월 17일

주소 ┃ 서울 · 금천구 가산디지털1로 205,
　　　 705(가산동, KCC웰츠밸리)
전화 ┃ (02) 851-9511
팩스 ┃ (02) 852-9511
전자우편 ┃ appbook21@naver.com

ISBN 978-89-86607-92-5　03430

값 9,000원

놀라운 생활 속 화학 이야기

따따따 화학닷com

손동식 엮음
최미라 감수

북도드리
도서출판

머리말

21세기는 과학 기술의 무한 경쟁 시대입니다. 현대 과학 기술은 경제, 사회, 문화와 예술의 발전에 제1동력으로 결정적인 영향을 미치고 있습니다.

우리는 과학 기술과 교육으로 나라를 발전시켜야 한다는 생각을 항상 잊지 말아야 합니다. 과학이 비약적으로 발전하는 오늘날 전 국민의 과학 문화 자질을 높이는 것은 무엇보다도 중요한 과제라고 생각합니다. 특히 미래의 주인공인 청소년들에게 과학 지식을 보급하고 과학적 방법을 가르쳐 주고 과학적 정신을 고양시켜 그들의 탐구력과 창의력을 키워 줌으로써 장래에 창조적으로 연구 활동과 사회 활동을 할 수 있도록 적극 격려해야 합니다.

우리나라에서는 예로부터 자녀에 대한 교육을 아주 중시하는 전통이 있습니다. 이러한 교육 열정으로 인해 수많은 우수한 인재들을 양성하여 과학, 기술, 경제, 교육, 문화 등 제 분야에서 한몫을 떳떳이 하도록 하였습니다.

'인적 자원은 제1자원입니다.' 시장경제에서의 경쟁은 과학 기술 인재의 경쟁입니다. 나라의 부흥과 발전은 과학 기술의 인재를 떠나서는 언급조차 할 수 없습니다.

　이 책은 21세기에 대비하여 기초 과학 지식은 물론 전문 과학 지식, 우리 생활 주변에서 발생하는 자연 현상, 자연의 수수께끼와 정보 등 최신 과학 기술의 현상태와 발전 동향을 생동감 있고 쉽게 소개함으로써 자라나는 청소년들에게 과학에 대한 동경심을 심어주고 앞날을 지향하면서 과학적인 사고의 날개를 펼치는 데 크나큰 기여를 하게 될 것입니다.

손동식

차 례 CONTENTS

제1장 먹거리 속에 숨어 있는 화학 이야기

14_ 왜 뻥튀기는 인체에 더 쉽게 소화 흡수되는가

16_ 왜 유지가 함유된 녹말 식품은 오래 두어도 여전히 맛있는가

18_ 왜 요즘의 두부는 더 부드럽고 맛있는가

20_ 생선국과 고깃국이 왜 묵처럼 되는가

22_ 왜 달걀은 깨끗이 씻으면 오히려 쉽게 변질하는가

24_ 술이 어떻게 생선 비린내를 없앨 수 있는가

26_ 맥주병에 표시된 도수는 무엇을 표시한 것인가

28_ 왜 녹말이 있는 물질은 술과 알코올로 변할 수 있는가

30_ 왜 사이다병의 마개를 열면 기포가 많이 나오는가

32_ 어떻게 우유로 발효유를 만드는가

34_ 왜 콩을 삶을 때 소금을 일찍 넣으면 잘 익지 않는가

36_ 왜 짠 음식물은 알루미늄 그릇에 너무 오래 담아두지 말아야 하는가

38_ 왜 감귤은 신맛이 나는데 알칼리성 식품인가

40_ 왜 익지 않은 과일은 시면서 단단하고 떫은데
      익은 과일은 달고도 무르고 향기로운가

42_ 어떻게 통조림은 장기간 보관할 수 있는가

44_ 왜 여러 번 끓인 물이나 오래 끓인 물을 마시면 나쁜가

46_ 왜 튀김을 여러 번 한 식용유는 좋지 않은가

48_ 왜 수돗물은 끓여 마셔야 하는가

50_ 어떻게 세균으로 여러 가지 식료품을 생산할 수 있는가

52_ 닭, 오리, 물고기 등은 잡은 즉시 끓여 먹는 것이 좋은가

55_ 식품의 〈다섯 가지 맛〉은 어디서 오는가

58_ 향료는 어디에서 오는가

제2장 일상생활 속의 화학 이야기

62_ 왜 종이를 오래 두면 누렇게 변색되는가

64_ 왜 어떤 종이는 불에 타지 않는가

66_ 왜 화선지는 글씨를 쓰거나 그림을 그리는 데 적합한가

68_ 왜 크라프트 종이는 질긴가

70_ 왜 어떤 섬유는 불이 붙으면 스스로 꺼지는가

72_ 왜 합성 섬유는 철사보다 더 단단한가

74_ 어떻게 가스 감지기는 기체의 〈냄새〉를 가려내는가

76_ 왜 멜라민으로 식기를 만들면 좋은가

78_ 왜 전구를 오래 쓰면 검어지는가

80_ 왜 불꽃은 여러 가지 색이 나는가

82_ 초가 타면 무엇으로 변하는가

84_ 어떻게 라이터로 불을 켤 수 있는가

86_ 왜 컬러 사진은 시간이 오래되면 퇴색하거나 변색하는가

88_ 거울의 뒷면은 은인가 수은인가

90_ 왜 〈1회용 기저귀〉는 오줌을 싸도 젖지 않는가

92_ 옷에 묻은 기름, 먹, 잉크 얼룩을 어떻게 지울 것인가

94_ 왜 옷을 드라이 클리닝하는가

96_ 왜 어떤 옷은 물에 줄어드는가

98_ 왜 합성 섬유 직물에서는 보풀이 이는가

100_ 왜 합성 섬유 직물에서는 정전기가 잘 일어나는가

102_ 왜 서로 다른 잉크는 섞지 말아야 하는가

104_ 왜 먹으로 쓴 글자는 잘 퇴색하지 않는가

106_ 왜 붉은 인주는 퇴색하지 않는가

108_ 어떻게 축전지는 전기를 저장할 수 있는가

110_ 전지의 사용 수명은 얼마나 긴가

차례 CONTENTS

제3장 건강한 생활을 위한 화학 상식 이야기

114_ 왜 음이온은 몸에 이로운가

116_ 왜 유산소 운동은 환영을 받는가

118_ 어떻게 비누는 때를 씻을 수 있는가

120_ 비누는 세척 작용 외에 또 어떤 기능을 가지고 있는가

122_ 왜 손에 묻은 기름때를 휘발유로 씻지 말아야 하는가

124_ 왜 글리세린은 피부를 곱게 해주는가

126_ 어떻게 치약은 치아를 보호하는가

128_ 어떻게 자외선 방지 크림은 피부가 햇볕에 타는 것을 방지할 수 있는가

130_ 왜 잠자기 전에도 피부를 보호해야 하는가

132_ 인공 혈관으로 진짜 혈관을 대체할 수 있는가

134_ 어떻게 인공 피로 천연 혈장을 대체할 수 있는가

137_ 왜 섬유소를 〈제 7영양소〉라고 하는가

140_ 왜 효소는 인체에 필수적인 물질이라고 하는가

142_ 왜 자화수는 건강에 이로운가

144_ 왜 DHA를 〈뇌황금〉이라고 하는가

146_ 왜 순수한 알코올은 살균력이 없는가

148_ 왜 클로로에틸은 진통 작용을 하는가

150_ 왜 마약인 아편을 약으로 쓰는가

152_ 왜 간접 흡연도 마찬가지로 유해한가

제4장 화학에 관한 흥미로운 이야기

156_ 어떻게 고대 유물의 나이를 측정할 수 있는가

158_ 사람의 음주량은 무엇에 의해 결정되는가

160_ 어떻게 음주 측정기로 음주 여부를 측정할 수 있는가

162_ 어떻게 고대 무덤 속 미라는 수천 년간 보존될 수 있었는가

165_ 21세기의 우리는 어떤 옷을 입을 것인가

168_ 우주 비행복은 어떤 성능을 가지고 있는가

170_ 왜 배밑용 페인트는 보통 페인트와 다른가

172_ 보이지 않는 지문을 어떻게 알아내는가

174_ 왜 체조 선수들은 경기 전 손바닥에 흰 가루를 묻히는가

176_ 어떻게 실리카 겔은 색이 변하는가

178_ 소낙비가 내린 후에는 왜 공기가 특별히 신선한가

180_ 왜 공업도시에서는 스모그(smog)가 생기는가

182_ 왜 복사기를 사용할 때 통풍에 각별히 주의해야 하는가

184_ 왜 사람들이 불건성 접착제를 즐겨 쓰게 되었는가

186_ 변색 안경은 어떤 원리로 변하는가

188_ 어떻게 야광 시계는 빛을 내는가

190_ 어떻게 모기약은 모기를 쫓을 수 있는가

192_ 왜 X선 촬영실의 기사들은 납옷을 입는가

194_ 어떻게 외과 수술 후의 봉합실은 인체에 흡수되는가

196_ 방독면은 어떻게 방독할 수 있는가

차례 CONTENTS

제5장 원소에 관한 궁금한 이야기

200_ 왜 세상의 물질은 모두 원소로 이루어졌다고 하는가

202_ 물질을 구성하는 최소 입자는 무엇인가

205_ 새로운 원소를 더 발견할 수 있는가

208_ 무엇을 방사성 원소라고 하는가

211_ 원소의 주기율은 어떻게 발견되었는가

214_ 왜 중수소를 미래의 연료라 하는가

216_ 왜 공기는 여러 가지 물질로 이루어졌다고 하는가

218_ 지구상의 산소는 다 쓸 수 있는가

제6장 물질과 화학에 관한 뜻밖의 이야기

222_ 왜 물은 연소하지 못하는가

224_ 〈드라이 아이스〉는 얼음인가

226_ 왜 다이아몬드는 특히 단단한가

228_ 왜 보석은 다양한 색깔을 띠는가

230_ 왜 진주는 반짝반짝 빛이 나는가

232_ 왜 물질은 차가운 물보다 뜨거운 물에 더 많이 용해되는가

234_ 금과 은은 녹이 스는가

236_ 왜 알루미늄은 쉽게 녹이 슬지 않는가

238_ 왜 철은 녹이 스는가

240_ 스테인리스 스틸은 녹이 스는가

242_ 어느 금속이 가장 가벼운가

244_ 어떤 천연 고분자 화합물이 가장 견고한가

246_ 어떻게 강철로 강철을 깎을 수 있는가

248_ 왜 어떤 금속은 〈기억력〉이 있다고 하는가

250_ 왜 금은 과학 기술 분야에서 쓰임새가 많은가

252_ 어떻게 방탄 유리는 탄알을 막아낼 수 있는가

254_ 왜 유기 유리는 보통 유리와 다른가

256_ 유리의 꽃무늬는 어떻게 새겨지는가

258_ 유리 섬유는 어떤 용도가 있는가

261_ 초전도 재료란 무엇인가

264_ 무엇을 나노 재료라고 하는가

266_ 왜 나노 재료는 미래 과학 기술 발전에서
      극히 중요한 위치를 차지한다고 하는가

268_ 액정(액체 결정)이란 무엇인가

270_ 왜 금속 도자기는 고온에 잘 견디는가

272_ 왜 고무는 탄성이 있는가

274_ 안료와 염료는 같은 것인가

276_ 왜 휘발유와 알코올은 몽땅 타버리지만 목재와 석탄은 재가 남는가

278_ 왜 어떤 화학 약품은 갈색 병에 넣어야 하는가

280_ 왜 석유는 〈검은 금〉이라고 하는가

282_ 왜 석탄을 연료로 쓰면 낭비라고 하는가

284_ 왜 성냥을 그으면 불이 켜지는가

287_ 흑색 금속은 검은색인가, 희귀 금속은 모두 〈희소〉한가

놀라운 생활 속 화학 이야기

따따따 화학닷com

제1장 먹거리 속에 숨어 있는 화학 이야기

왜 뻥튀기는
인체에 더 쉽게 소화 흡수되는가

여러분은 뻥튀기를 먹어 보았을 것이다. 옥수수 뻥튀기는 옥수수를 철로 된 용기 안에 넣은 다음 밀봉시키고 가열한다. 이 때 용기 내의 온도와 압력이 점점 높아진다. 온도나 압력이 일정한 정도에 이르면 옥수수 중의 수분이 100℃ 이상의 과열 상태에 처해 옥수수알이 몹시 연하게 된다. 이 때 용기의 덮개를 열면 압력이 갑자기 줄어들기 때문에 과열 상태에 있던 수분이 순식간에 기화한다. 이런 기화 과정에 부피가 갑자기 2000배로 팽창한다. 이 때 옥수수도 수분을 따라 팽창한다.

옥수수 외에 또 쌀, 콩 등도 모두 뻥튀기를 만들 수 있다. 곡식을 뻥튀기하면 알의 외형이 변화됨과 동시에 내부의 분자 구조가 변화된다. 뻥튀기하는 과정에 사슬이 긴 일부 불용성 녹말이 사슬이 짧은 수용성의 녹말, 덱스트린과 당으로 변한다. 이런 변화는 곡식이 인체 내에서 녹말 효소의 작용으로 일어나는 변화와 비슷하다. 즉 뻥튀기 식품은 뱃속에서 들어가기 전에 이미 녹말이 부분적으로 분해된다. 때문에 뻥튀기 식품은 아주 쉽게 소화된다. 측정에 의하면 뻥튀기 식품은 그 소화 흡수율이 8% 가량 높아진다.

뻥튀기는 또 식품 중의 비타민을 보존하는 데 유리하다. 예를 들면 쌀 뻥튀기 중의 비타민 B1, B4의 보존율은 쌀밥보다 1/5 ~ 2/3 가량 높아진다. 또 뻥튀기 식품은 고온 고압에서 소독 멸균되었기 때문에 더욱 위생적이다.

뻥튀기는 과학적이고도 이상적인 식품 가공 기술이다. 또한 곡식을 뻥튀기한 후 가루를 내어 각종 식품으로 가공한다. 이렇게 가공하면 먹기도 좋고 영양가도 높아진다.

왜 유지가 함유된 녹말 식품은 오래 두어도 여전히 맛있는가

견과류와 같은 유지가 함유된 식품은 며칠 심지어 몇 주일 두어도 여전히 맛있는데, 찐빵 같은 식품은 차츰 굳어지면서 맛이 없어진다. 이런 현상을 식품 가공에서는 녹말의 노화라고 한다.

쌀로 밥을 짓고 밀가루로 찐빵을 만드는 것은 본질적으로 녹말의 숙성 과정이다. 이런 과정에 녹말 내에서는 흥미있는 화학적 변화가 일어난다. 우선 녹말 알갱이가 물을 만나 팽창하고 파열되면서 수분이 녹말 분자의 긴 사슬고리 사이에 들어가 디아스타아제를 형성하고, 부분적 녹말 분자의 긴 사슬이 끊어지면서 사슬고리가 짧은 덱스트린 분자를 형성한다.

생녹말 사이에는 비교적 강한 인력이 있다. 녹말 분자는 이런 인력에 의해 일정한 순서로 배열되어 미세한 결정 구조를 이룬다. 이런 구조는 먹는 데와 소화되는 데 모두 불리하고 구수한 맛도 없다. 이런 생녹말을 β녹말이라 한다. 녹말을 끓이고 찌고 구울 때 이런 미세한 결정 구조가 분해되면서 β녹말이 α녹말으로 변한다. 그러나 α녹말은 공기(특히 마른 공기) 중에서 신속하게 탈수되면서 다시 β녹말이 된다. 즉 녹말이 노화한다.

탈수

β녹말

α녹말

전분의 노화

녹말의 노화를 어떻게 방지하는가? 연구에 의하면 녹말의 노화는 온도, 물 함량과 관계된다. 예를 들면 녹말 식품은 2 ~ 4℃에서 신속히 노화하지만 60℃ 이상이나 -20℃ 이하에서는 잘 노화하지 않는다. 또한 수분 함량이 30 ~ 60%일 때 쉽게 노화하지만 10 ~ 15%일 때에는 잘 노화하지 않는다.

이 밖에 유지를 넣어도 녹말의 노화를 지연시킬 수 있다. 그것은 유지 함량이 높은 녹말 식품은 수분 함량이 상대적으로 낮기 때문이다. 그러므로 유지가 함유된 과자 등은 오래 두어도 여전히 맛있다.

사물은 언제나 두 가지 면이 있다. 녹말 식품은 노화를 엄격히 방지한다. 그러나 노화한 식품은 미생물의 공격을 쉽게 받지 않는다. 그러므로 노화의 특징을 이용하여 뻥튀기한 쌀, 급속하게 삶은 쌀 등 유지 함량이 적은 녹말 식품을 만들고 있다.

왜 요즘의 두부는
더 부드럽고 맛있는가

 두부는 부드럽고 영양이 풍부하고 값이 싸서 사람들이 즐겨 먹는다.

콩물을 가라앉히는 것은 두부를 만드는 중요한 과정이다. 콩물을 가라앉히려면 간수를 첨가해야 한다. 콩물은 단백질의 콜로이드 용액이다. 콩물은 아주 안정하여 저절로 응고되지 않는다. 콩물로 두부를 만들려면 반드시 전해질 용액을 넣어야 한다. 콩물을 먹어 본 사람은 콩물이 어떻게 순두부로 변하는가를 알 수 있을 것이다. 콩물에 소금이나 간장을 넣으면 두부의 덩어리가 생겨난다. 그것은 소금과 간장이 콩물을 응고시키기 때문이다.

오랫동안 두부는 줄곧 콩물에 간수를 치는 방법으로 만들어 왔다. 그런데 간수를 쳐 만든 두부는 약간 떫은 맛이 난다. 그리고 무기염을 넣기 때문에 두부의 영양 성분을 저하시킨다. 또한 기존의 간수는 오염으로 인해 많은 폐해를 일으켜 지금은 사용이 금지되어 있다. 최근에는 글루코노델타락톤으로 간수를 대체하여 두부를 만들고 있다. 이렇게 만든 두부는 떫지 않을 뿐만 아니라 더욱 부드럽고 맛있다. 동시에 글루콘산도 인체가 흡수하는 영양 물질이다(아이들이 먹는 칼슘약은 글루콘산칼슘이다).

물에 담근다

분쇄한다

여과

끓인다

글루코노델타락톤을 넣는다

반죽

보온 성형

락톤 두부

생선국과 고깃국이
왜 묵처럼 되는가

겨울에 온도계의 수은주가 0°C 이하로 내려가면 강물이 얼어 붙으며, 생선국이나 고깃국도 생선묵, 고기묵처럼 된다.

하지만 이것은 서로 다른 두 가지 현상이다. 강물이 얼어 붙는 것은 온도가 어는점까지 내려가 물이 얼음으로 응결되기 때문이다. 생선국이나 고깃국이 응고되는 것은 온도와도 관계되지만 그 속에서 일어나는 화학적 변화와도 관계된다.

현미경으로 보면 생선이나 고기의 근육은 마치 사탕수수 묶음과도 같은 단백질 섬유 묶음으로 이루어졌다는 것을 알 수 있다. 섬유 묶음들 사이에는 결합 조직이 있다. 결합 조직은 마치 한 오리의 노끈처럼 이런 섬유 묶음들을 단단히 이어 놓는다.

결합 조직은 주로 근육질과 섬유질로 이루어졌는데, 그것은 모두 단백질이다. 생선국이나 고깃국을 약한 불에 천천히 끓이면 근육질은 별다른 변화가 없지만 섬유질은 물과 화학적 변화를 일으켜 젤라틴으로 변한다.

젤라틴은 더우면 물에 용해되어 콜로이드 용액으로 되지만 온도가 낮아지면 응결되어 묵처럼 된다. 젤라틴의 영양 가치는 매우 높은데, 만약 그것을 계속 끓인다면 물과 계속 반응을 일으키면서 더욱 가수 분해되어 맛좋은 아미노산으로 변한다.

과일과 야채에도 식물성 교질이라는 콜로이드가 들어 있는데, 그것은 각 세포를 연결시키는 작용을 한다. 가열하면 세포막이 파괴되면서 식물성 교질이 물에 용해된다. 풋채소에는 식물성 교질이 많지 않기 때문에 〈야채묵〉이 있다는 말을 들어 본 적이 없다. 그러나 어떤 과일 속에는 식물성 교질이 매우 많은데, 제일 유명한 것으로는 아가위(산사나무의 열매)가 있다. 아가위국은 겨울에 응고될 뿐만 아니라 여름에도 응고되어 아가위묵이 된다. 어떤 과일은 콜로이드 함량이 비교적 적어 응결되지 못하지만 과일 시럽은 될 수 있다. 예를 들면 민트, 오렌지, 레몬, 사과 등이다.

왜 달걀은 깨끗이 씻으면
오히려 쉽게 변질하는가

 옷을 깨끗이 빨아 두면 곰팡이가 잘 피지 않는다. 그러나 신선한 달걀을 깨끗이 씻어 두면 오히려 쉽게 변질한다.

달걀은 반들반들한 껍질에 싸여 있다. 그러나 현미경으로 보면 껍질에 자그마한 구멍이 무수히 나 있는 것을 알 수 있다.

갓난 달걀의 표면에는 콜로이드 상태의 물질이 덮여져 있다. 이런 물질이 달걀 껍질에 난 작은 구멍을 막고 있다. 콜로이드 상태의 물질은 물에 용해된다. 때문에 물로 달걀을 씻으면 이런 콜로이드 상태의 물질이 씻긴다. 그러면 유리가 깨어진 창문으로 찬바람이 들어오듯 그 구멍으로 세균이 들어가 달걀을 부패시킬 수 있다.

예전에 농촌에서는 갓난 달걀을 석회수에 담궜다가 꺼내 두었다. 이렇게 하면 달걀이 잘 썩지 않는데, 여기에는 두 가지 이유가 있다. 첫째, 석회수 자체가 세균을 죽인다. 둘째, 달걀은 평상시 부단히 호흡하며 작은 구멍으로 이산화탄소를 내보내는데, 이 이산화탄소가 석회수를 만나면 금방 흰 탄산칼슘 침전을 생성하면서 세균이 침입하지 못하게 작은 구멍들을 막는다.

양계장의 달걀 창고에서는 흔히 〈물유리〉로 달걀을 보존한다. 이 물유리는 점성이 있는 콜로이드 상태의 액체로서 그 화학 성분은 규산나트륨이다. 달걀을 물유리 속에 잠갔다 꺼내면 작은 구멍이 모두 막힌다. 이런 방법으로 달걀을 보존하면 몇 달 동안 변하지 않는다.

술이 어떻게 생선 비린내를 없앨 수 있는가

생선에서는 흔히 비린내가 난다. 그러나 생선을 요리할 때 술을 조금 넣으면 비린내가 없어진다. 왜 그런가?

생선에서 비린내가 나는 것은 생선에 트리메틸아민이 들어 있기 때문이다. 트리메틸아민은 지방족 아민류에 속하는 화합물이다. 지방족 아민류의 메틸아민과 디메틸아민도 모두 좋지 않은 냄새가 나는 물질이다.

$$CH_3 - \overset{\displaystyle CH_3}{\underset{\displaystyle CH_3}{\overset{|}{\underset{|}{N^+}}}} - O^-$$

많은 식물에도 아민류 화합물이 들어 있다. 예를 들면 구린내가 몹시 나는 아가위나무(산사나무) 꽃술은 대자연의 트리메틸아민 제조 공장이다.

이 밖에 사람의 땀에도 소량의 트리메틸아민이 들어 있다.

생선 요리를 할 때 사람들은 대개 술을 넣어 비린내를 제거한다. 트리메틸아민은 모두 생선의 살 속에 〈숨어〉 있기 때문에 그것을 〈쫓아

버리기〉아주 힘들다. 술에 들어 있는 알코올이 트리메틸아민을 잘 용해시켜 버린다. 또한 생선을 요리할 때 온도가 높아 알코올과 트리메틸아민이 모두 휘발해 버리기 때문에 얼마 지나지 않아 생선의 비린내가 없어진다.

이 밖에 술에는 또 일정량의 초산에틸이 있다. 초산에틸은 향기를 가지고 있기 때문에 술은 좋은 조미료이기도 하다.

맥주병에 표시된 도수는
무엇을 표시한 것인가

　　　맥주는 12°인 것도 있고 14°인 것도 있다. 사람들은 이 도수를 맥주 중의 알코올 함량 도수로 생각하는데, 사실은 그렇지 않다. 맥주는 다른 술과 다르다. 일반적으로 술의 도수는 그 술의 알코올 함량을 표시하지만, 맥주의 도수는 그 맥주의 당 함량 즉 당도를 표시한다.

　맥주의 당도는 무엇을 표시하는가? 왜 당도로 맥주의 도수를 표시하는가?

　맥주를 만드는 주요한 원료는 보리이다. 보리를 발효시키면 그 중의 녹말이 맥아당(또 다른 당도 있다)으로 전환된다. 이때 보리는 발효액이 되고, 발효액은 다시 맥주가 된다. 맥주를 빚을 때 호프 등의 다른 원료도 넣는다.

　맥아당과 자당은 원소의 구성이 같은 쌍둥이 형제라고 할 수 있다. 맥아당은 자당보다 달지 않다. 보리의 발효액에는 맥아당이 들어 있다. 보리로 맥주를 빚을 때 일부분의 맥아당이 알코올로 전환(다른 술에서는 당이 몽땅 알코올로 전환된다)되고 다른 일부분은 당의 형태로 맥주에 남는다. 맥주는 알코올 함량이 아주 적기 때문에 알코올은 맥주의 주요 성분이 아니다. 맥주의 영양가는 그 당도와 관계되기 때문에 관행적으로 당도로 맥주의 품질을 표시한다.

맥주를 빚는 과정에서 발효액의 당분 함량을 측정할 때(다른 당류를 모두 맥아당으로 환산한다.) 만일 발효액 $100ml$에 당이 12g 함유되어 있다면 이런 발효액으로 빚은 맥주는 12°이다. 14°짜리 맥주는 발효액 $100ml$에 당이 14g 함유되어 있다. 이로써 14°짜리 맥주는 12°짜리 맥주보다 영양가가 더 높다는 것을 알 수 있다.

12° ~ 14°짜리 맥주의 알코올 함량은 대략 4%이다. 맥주는 실제로 술이 아니라 알코올이 약간 함유된 음료라고 볼 수 있다.

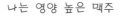

나는 영양 높은 맥주

나는 보통 맥주

왜 녹말이 있는 물질은
술과 알코올로 변할 수 있는가

알코올은 쓸모가 많은 화학 물실이다. 알코올은 의료 분야에서 소독제로 쓸 뿐만 아니라 공업에서도 널리 응용된다. 예를 들면 향료, 합성 고무, 에틸에테르를 제조하는 데 모두 알코올을 쓴다.

녹말이 알코올로 변하는 과정은 복잡하고도 흥미롭다.

먼저 녹말 원료를 가마에 넣고 끓이면 걸죽한 녹말풀이 만들어진다. 그 다음 녹말풀을 당으로 변화시킨다. 녹말이 〈설탕물〉로 변한 후 이 〈설탕물〉에 당분을 즐겨 먹는 효모균을 많이 넣는다. 그러면 효모균들은 〈설탕물〉 속에서 마치 〈회식〉이라도 하는 듯이 설탕물을 실컷 먹어댄다. 이때 〈설탕물〉에서는 부글부글 소리가 나면서 이산화탄소가 많이 생성되는데, 이런 현상을 발효라고 한다.

효모균은 설탕물을 먹은 후 많은 알코올을 내보낸다. 효모균에 대해 말하자면 알코올은 그것들이 〈배설〉한 찌꺼기지만 이런 〈찌꺼기〉

설탕물

응가

요모균

알코올

가 바로 우리들이 필요로 하는 물질이다.

발효 후의 알코올 함량은 일반적으로 7 ~ 9%밖에 안 된다. 반드시 증류시켜야만 다른 농도를 가진 알코올을 얻을 수 있다.

보통 말하는 96°짜리 알코올이란 것은 100 ml의 알코올 속에 순알코올이 96 ml 있고, 물이 4 ml 있다는 것이다.

곡주는 대부분 쌀, 찹쌀, 수수, 밀 등을 원료로 하여 특수한 방법으로 제조한다. 즉 먼저 원료를 찐 다음 거기에 당화, 발효시키는 누룩을 넣고 장기간 발효시켜 빚는다. 이렇게 빚은 술은 향기롭고도 독하다. 질 좋은 술은 그 속에 알코올 외에 방향족 에스테르류가 많이 있다.

과일에도 당분이 들어 있으므로 그것으로도 술을 빚을 수 있다. 예를 들면 포도주, 귤주, 사과주 등이다.

왜 사이다병의 마개를 열면 기포가 많이 나오는가

이 문제에 대답을 하기 전에 사이다에 대해 알아보자. 사이다는 설탕물과 별로 크게 다를 바 없다. 다만 사이다에는 이산화탄소가 많이 들어 있을 뿐이다.

이산화탄소는 기체의 한 가지로 공기 중에 자유롭게 떠돌아다닌다. 사이다 공장에서는 압력을 가하여 설탕물에 이산화탄소를 많이 용해시킨다. 그 다음 병에 담고 마개를 막으면 사이다가 된다.

사이다를 마시려고 병마개를 따면 대기 압력이 병 내부보다 작기 때문에 용해되어 있던 이산화탄소가 빠져나와 공기 중에 흩어진다. 그리하여 기포가 많이 나온다.

여름에 사람들은 냉장시킨 사이다를 즐겨 마신다. 냉장시킨 사이다는 시원하고 해열 작용도 한다. 사이다를 마시면 위와 장은 이산화탄소를 흡수하지 못한다. 그리고 장 안의 온도가 높기 때문에 이산화탄소는 입을 통해 재빨리 배출된다. 이 때 이산화탄소가 열량을 가지고 나가기 때문에 사람들은 시원한 기분을 느끼게 된다. 온도가 낮을수록 이산화탄소는 물에 더 많이 용해된다. 이산화탄소는 1013 헥토파스칼 (1hPa=1mb)과 0℃일 때 1l의 물에 1.71l가 용해되지만, 20℃일 때에는 1l의 물에 0.88l밖에 용해되지 못한다. 따라서 사이다를 냉장시키면 이산화탄소가 쉽게 달아나지 못하기 때문에 마시면 시원한 느낌이 든다.

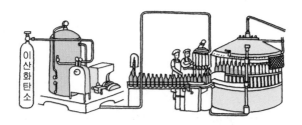

이 밖에 이산화탄소는 위벽을 약간 자극하여 위액의 분비를 가속화시키므로 소화를 돕는다.

사람들은 사이다를 더 맛이 있고 영양이 더 많게 하기 위해 사이다에 레몬산, 귤즙과 향료를 좀 넣는다. 지금 이산화탄소가 들어 있는 음료는 그 품종이 점점 더 많아지고 있다. 이 밖에 맥주와 샴페인 등의 음료에도 이산화탄소가 들어 있다.

흥미로운 것은 대자연도 〈사이다〉를 제조한다는 것이다. 화산 부근에는 흔히 온천이 있다. 지하는 압력이 크기 때문에 황화수소, 이산화탄소 등의 많은 기체가 물에 용해되어 있다. 지하수가 지면에 뿜어져 나올 때 마치 사이다병의 마개를 금방 열었을 때와 같이 흰 거품이 일면서 많은 기체가 나온다.

어떻게 우유로 발효유를 만드는가

우유는 주요 영양 식품이다. 우유에는 당류(약 4.6%), 단백질(약 3.5%)과 지방(약 3.5%) 외에도 비타민과 무기염류가 들어 있다. 그러므로 우유는 어린아이들뿐만 아니라 어른들에게도 중요한 영양 식품이다.

우유는 젖소가 송아지에게 공급하는 것이므로 인류가 식용으로 쓰는 데는 두 가지 결점이 있다. 첫째, 어린아이들이 우유를 먹으면 그것이 위 안에서 쉽게 응고되기 때문에 잘 소화, 흡수되지 않는다. 그것은 우유 중의 단백질(주로 카세인)이 쉽게 응고되기 때문이다. 측정에 의하면 우유의 응집 능력은 50 ~ 90 g이지만 어머니젖(대개 알부민)의 응집 능력은 0 ~ 2 g이다.

둘째, 어른들은 우유를 먹으면 쉽게 배가 부글거리고 설사를 한다. 이것은 우유 중의 당류가 원인이다. 원래 모든 동물들의 젖에 있는 당류는 모두 젖당이다. 젖당은 젖당 분해 효소의 작용을 받아야 분해될 수 있다. 어린아이들의 체내에는 젖당 분해 효소가 아주 많지만 연령이 증가됨에 따라 젖당 분해 효소의 분비가 점차 줄어든다(장기적으로 우유를 먹은 사람은 제외). 어른들이 우유를 먹으면 젖당이 소화되지 못하고 장에 들어가 발효되면서 이산화탄소를 생성한다. 그리하여 배가 부글거리게 된다.

이와 같은 단점을 극복하기 위해 사람들은 우유로 발효유를 만들었다. 발효유는 신선한 우유를 젖산균(사람에게 유익한 미생물)으로 발효시킨 후 멸균하고 냉동시켜 만든 것이다. 발효 과정에 일부분의 젖당은 젖산으로 변하고 우유에서 쉽게 응결되는 β카세인이 잘 응고되지 않는 γ카세인으로 변한다. 이 두 가지 변화로 우유의 영양가는 파괴되지 않지만 인체의 우유 흡수율이 크게 높아지기 때문에 어린아이와 청소년들을 망라한 모든 사람들이 먹기 좋게 된다.

이 밖에 발효유에는 젖산균이 있기 때문에 장의 산도를 유지하고, 부패균의 번식을 억제하고, 유익한 균의 생장을 촉진한다. 동시에 젖산은 인체의 칼슘 흡수를 촉진시킨다. 그러므로 발효유는 건강에 아주 좋은 영양 식품이다.

왜 콩을 삶을 때 소금을 일찍 넣으면 잘 익지 않는가

 콩을 삶을 때 소금을 너무 일찍 넣으면 콩이 푹 삶기지 않는다. 여기에는 분명한 과학적 이유가 있다.

다음과 같은 실험을 해보자. 절반짜리 무의 중심을 일부 파낸 후 짙은 소금물을 부어 넣는다. 몇 시간 후에 보면 무 안의 소금물이 많아진다. 이것은 무 안의 물이 삼투되어 나왔기 때문이다.

콩을 맹물에 한참 담궈두면 붙는데, 이것도 삼투 현상이다.

짙은소금물

무   무

마른 콩에는 수분이 아주 적다. 우리가 그것을 농축 용액으로 보면 콩 껍질은 반투막에 해당된다. 콩을 맑은 물에 넣어 삶을 때 삼투 현상이 생긴다. 그 결과 맹물 중의 물 분자는 콩껍질을 뚫고 들어가고 일정한 시간이 경과되면 콩의 세포가 부풀면서 콩이 물러진다.

　　만일 콩을 삶을 때 소금을 너무 일찍 넣는다면 콩이 소금물에 잠기게 된다. 소금물의 농도가 맹물보다 짙기 때문에 물이 콩 속으로 침투하지 못한다. 만일 소금을 너무 많이 넣는다면 물이 콩 속으로 들어가지 못할 뿐만 아니라 오히려 약간 퍼진 콩 속의 물이 빠져나오기 때문에 수분이 부족해서 콩이 제대로 익지 못하게 된다.

　　마찬가지로 녹두죽을 쑬 때나 돼지고기, 쇠고기를 삶을 때 소금을 너무 일찍 넣으면 제대로 익지 않는다.

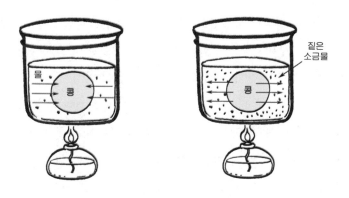

왜 짠 음식물은 알루미늄 그릇에
너무 오래 담아두지 말아야 하는가

알루미늄 그릇은 가볍고 예쁘고 질기다. 사람들은 또 알루미늄으로 물주전자, 그릇 등을 만든다. 그러나 알루미늄 제품에는 짠 식품을 오래 담아두지 말아야 한다. 왜 그래야 하는가?

알루미늄은 반응이 활발한 금속으로, 공기 중에서 산소와 반응하여 표면에 산화알루미늄을 생성한다. 알루미늄 그릇은 금방 사 왔을 때에는 번쩍거리지만 시간이 오래 되면 바깥 표면에 마치 먼지가 씌운 듯이 뿌옇게 되는데, 이것은 알루미늄 그릇 표면에 산화알루미늄 피막이 생성되기 때문이다. 산화알루미늄 피막은 알루미늄 그릇 표면에서 알루미늄이 산소와 더욱 접촉하여 산화되는 것을 방지한다. 산화알루미늄은 알루미늄보다 훨씬 더 단단하기 때문에 그 층은 알루미늄 그릇을 부식되지 않게 보호한다.

산화알루미늄은 담수와는 작용하지 않지만 소금물과 오래 접촉하면 침식되면서 콜로이드 용액으로 용해된다. 또한 알루미늄 합금 중의 혼합물도 소금물의 침식과 산화알루미늄의 용해를 촉진한다. 알루미늄은 보호막이 파손되면 쉽게 부식된다.

소금물의 산화알루미늄 피막에 대한 침식은 속도가 아주 느리기 때문에 소금물과 접촉하는 시간이 길지 않다면 별로 문제되지 않는다. 그러므로 알루미늄 그릇에 짠 음식물을 오래 담아 두지 말아야 그릇의 수명도 연장시키고 음식물도 변질되지 않는다.

알루미늄 냄비

짠 음식 분자

왜 감귤은 신맛이 나는데
알칼리성 식품인가

많은 사람들은 시큼한 감귤즙이 산성이라고 여긴다. 사실 식품 화학에서 산성 식품과 알칼리성 식품의 뜻은 식품 자체의 산·알칼리성을 가리키는 것이 아니라 식품이 인체에서 소화된 후 인체의 체질이 나타내는 산성이나 알칼리성 경향을 가리킨다. 예를 들면 밥, 밀가루, 돼지고기, 달걀과 사탕 등은 인체의 체질이 산성으로 나타나게 하므로 산성 식품이다. 콩, 토마토, 감귤, 우유와 채소 등은 인체의 체질이 알칼리성을 나타나게 하므로 알칼리성 식품이다.

식품에서 어느 유형의 물질이 인체의 산·알칼리성에 영향을 줄 수 있는가? 식품 중의 당류, 지방, 단백질은 인체에 들어간 후 소화되어 대부분이 흡수된다. 소화 과정에 생기는 이산화탄소, 암모니아, 요소 등이 나중에 체외로 배출된다. 그러나 식품 중의 무기염류는 인체 내에 장기적으로 남아 있으면서 인체의 산·알칼리성에 영향을 준다. 이런 물질을 무기질이라고 한다. 그 가운데에서 산성을 조성하는 원소는 염소, 유황, 요오드 등이고, 알칼리성을 조성하는 원소는 나트륨, 칼륨, 칼슘, 마그네슘, 아연, 철 등이다. 화학적으로 볼 때 산성 식품, 알칼리성 식품이란 것은 식품의 무기질이 물에 용해되었을 때의 산·알칼리도를 가리킨다. 이에 근거하여 식품의 산도와 염기도를 측정한다.

식품 100g을 태운다. 그러면 식품 중의 유기물은 다 타버리고 무기염류가 모두 재로 남는다. 그 재의 수용액을 만들어 0.1mol/l 의 수산화나트륨 용액이나 염산 용액으로 중화시킨다. 이 때 소모되는 수산화나트륨 용액이나 염산 용액의 ml 수가 곧 그 식품의 산도나 알칼리도이다. 예를 들면 쌀과 밀가루의 산도는 3 ~ 5이고 육류, 생선류의 산도는 10 ~ 20이고, 토마토의 알칼리도는 3 ~ 5이고, 감귤의 알칼리도는 5 ~ 10이고, 콩, 무의 알칼리도는 9를 초과한다.

장기적으로 산성 식품을 섭취한 사람은 산성 체질이 형성된다. 상대적으로 말할 때 산성 체질인 사람은 힘이 약하고 손발이 늘 차고 감기에 쉽게 걸리고 상처가 잘 아물지 않는다. 그러므로 우리는 음식 성분을 잘 조절하여 식품의 산·알칼리성의 평형을 유지시켜야 한다. 우리 나라 대부분의 사람들은 쌀, 밀가루, 고기 등 산성 식품을 주식으로 하고 있다. 그러므로 알칼리성 식품을 좀더 섭취하여 균형을 이루도록 노력해야 하겠다.

나 ! 알칼리성

왜 익지 않은 과일은 시면서 단단하고 떫은데
익은 과일은 달고도 무르고 향기로운가

생활 속에서 많은 과일이 다음과 같은 특징이 있다는 것을 발견할 수 있다. 대부분의 과일들이 익지 않았을 때에는 시면서 단단하고 떫다. 그러나 익으면 달면서 무르고 향기롭다. 왜 그럴까? 이것은 과일이 익는 과정에서 화학적 변화를 일으키기 때문이다.

생과일에는 각종 유기산이 특히 많이 들어 있다. 예를 들면 생포도에는 포도산, 레몬산, 초산 등이 적지 않게 들어 있다가 익는 과정에서 이런 유기산은 염기성 물질들에 의해 점차 중화되거나 알코올류와 에스테르화 반응을 하면서 적어진다. 이와 동시에 과일 중의 당분 함량이 점점 증가한다. 따라서 과일들은 신맛에서 점차 단맛으로 변하게 된다.

생과일이 아주 단단한 것은 펙틴을 많이 함유하고 있기 때문이다. 펙틴은 대부분이 물에 용해되지 않으므로 생과일의 조직을 단단하게 한다. 그러나 과일이 익는 과정에서 펙틴은 점차적으로 변하여 물에 용해되어, 과일이 무르게 된다. 감, 살구, 바나나, 복숭아는 모두 이런 변화 과정을 거친다.

과일이 떫은 것은 주로 탄닌산을 함유하고 있기 때문이다. 과일이 익을 때 탄닌산이 산화되므로 떫지 않게 된다. 감이 바로 그 실례이다.

익은 과일은 많은 당분을 함유하고 있는데 이런 당분은 부분적으로 발효되어 알코올류가 된다. 알코올류는 유기산을 만나기만 하면 화학 반응을 일으켜 초산에틸, 이소발레인산에틸, 안식향산에틸 등과 같은 향기로운 에스테르를 생성한다.

이 밖에 생과일은 녹색을 띠는데, 그것은 생과일이 엽록소를 함유하고 있기 때문이다. 과일은 익는 과정에서 엽록소가 파괴되고 많은 생물 색소가 형성된다. 푸른 토마토가 붉어지는 것도 익는 과정에서 토마틴(리코펜)이 생성되기 때문이다.

어떻게 통조림은
장기간 보관할 수 있는가

일상 생활에서 통조림 식품을 많이 보게 되는데 통조림에는 과일 제품, 콩 제품, 고기 제품, 생선 제품, 채소 제품 등 없는 것이 거의 없다. 통조림 식품은 맛이 좋고 먹기 편리할 뿐만 아니라 장기간 보관할 수 있고, 먹고 싶을 때 마음대로 먹을 수 있으므로 우리의 식생활을 더욱 다양하게 해줄 수 있다.

그럼 어떻게 통조림 제품은 오래 보관할 수 있는가? 각종 식료품에는 모두 다량의 수분과 풍부한 영양 물질인 단백질, 지방, 탄수화물과 여러 가지 비타민 등이 들어 있다. 만약 이런 식품에 세균이 묻으면 일정한 온도에서 세균이 식품 중의 영양분을 흡수하면서 신속히 번식하여 식품을 부패, 변질시킨다. 따라서 통조림을 생산할 때 원료와 세균이 접촉하는 것을 피해야 한다. 일반적으로 먼저 원료와 조미료를 통에 넣은 다음 가열 배기시키거나 기계로 통 안에 남은 나머지 공기를 뽑아버려 통조림을 진공 상태로 보존한다. 이렇게 만들어진 통조림은 색깔, 향기와 맛이 변하지 않을 뿐만 아니라 장기간 보관할 수 있다.

간혹 통조림 표면이 볼록하게 올라온 통조림을 볼 수 있는데 이런 통조림은 뚜껑을 열면 기체가 방출된다. 이런 원인 중의 하나는 통조림 안벽에 도금한 주석층이 불균형하거나, 벗겨져 음식물 중의 유기산과 철이 오랫동안 접촉하면서 화학 반응이 일어나 수소가 생성되었기 때문일 수도 있고 다른 하나는 통조림을 만들 때 멸균처리가 부적절하여 세균에 오염되었거나 멸균이 철저하지 못하여 통조림 내에서 세균이 번식하면서 탄산 가스가 생겼을 수도 있다. 이런 통조림은 절대 먹지 말아야 한다.

통조림은 밀봉한 후 엄격하게 멸균하여 만들기 때문에 서늘하고 건조한 곳에 놓아두고 통에 녹이 슬지 않고 봉한 곳이 손상받지 않으면 안전하게 오랫동안 보관할 수 있다.

최근에는 통조림 식품 공업의 신속한 발전과 더불어 새로운 유연성 포장 재료로 만든 통조림도 나오고 있다. 이런 재료는 폴리에스테르, 알루미늄 박판, 폴리에틸렌 박막을 세 층으로 붙여서 만들어 유연성이 좋고 무게가 가벼워 휴대하기 편리한 특징을 가지고 있다. 이 통조림은 밀폐성이 좋아 산소나 수증기, 광선이 투입되는 것을 철저하게 방지할 수 있어 식품 고유의 맛과 향기와 색깔을 오랫동안 보존할 수 있다.

왜 여러 번 끓인 물이나 오래 끓인 물을 마시면 나쁜가

끓인 물을 마시면 좋다라는 것은 사람들마다 다 아는 상식이다. 그러나 끓인 물이라 하여 다 마셔도 되는 것은 아니다. 특히 몇 가지 끓인 물은 마시지 말아야 한다. 예를 들면 오랫동안 끓인 물, 밥이나 기타 음식물을 찌고 남은 시루 밑의 물, 여러 번 끓인 물, 며칠씩 보온병에 넣어둔 물 등이다.

그럼 왜 이런 물은 마시지 말아야 하는가? 물에는 보통 미량의 질산염과 납, 카드뮴과 같은 중금속 이온이 들어 있다. 물을 오랫동안 끓이면 물 분자가 계속 증발하여 물 속의 질산염과 중금속 이온의 농도가 상대적으로 높아지게 된다. 사람이 질산염 함량이 높은 끓인 물을 마시면 물 속의 질산염이 위 속에서 아질산염으로 변하게 된다. 아질산염은 피가 산소를 공급하는 기능을 파괴시키므로 심장 박동을 빨라지게 하고 호흡하기 어렵게 하며 심하면 생명의 위험까지 초래할 수 있다. 마찬가지로 중금속 이온도 인체에 심각한 해를 끼친다.

그럼 생수를 마셔도 나쁘고 여러 번 끓인 물을 마셔도 나쁘다면 어떤 물을 마셔야 하는가? 사실 보통 물에 들어 있는 칼슘이나 마그네슘 원소는 모두 인체에 필수적인 것이다. 사람의 체내에 들어 있는 칼슘은 인체 중량의 약 1.38%로써 뼈와 치아 등의 주요한 성분이다. 칼슘은 또 심장 근육의 정상적인 수축과 혈액 응고를 촉진하는 중요한 작용을 한다. 인체 내의 마그네슘은 인체 중량의 0.04%로써 그 중의 70%는 골격 안에 분포되어 있다. 한 사람이 매일 섭취해야 할 마그네슘은 0.3 ~ 0.5g이다. 사람들은 체내에서 필요로 하는 이 두 가지 원소의 일부분을 매일 마시는 물에서 보충 받기 때문에 증류수나 순수한 물만 마시는 것도 그리 좋지는 않다.

그럼 어떻게 끓인 물을 마시면 제일 좋은가? 물을 끓일 때 용기 안의 물이 끓기 시작하면 100°C에 달하므로 물 속의 세균들 대부분이 다 죽게 된다. 만약 수돗물의 염소 기체 냄새가 좀 심하면 1 ~ 2분 정도 더 끓여도 괜찮다. 이렇게 끓인 물은 차를 담그거나 그냥 마셔도 인체 건강에 다 이롭다.

왜 튀김을 여러 번 한 식용유는
좋지 않은가

적지 않은 사람들이 튀김요리를 했던 기름을 여과하여 보관했다가 다음 번에 또 쓰고 있는데 식품 위생의 시각에서 놓고 볼 때 여러 번 튀김을 한 기름은 사용하지 않는 것이 좋다.

식용유의 화학 성분은 지방산 글리세리드이다. 지방산 글리세리드는 튀김을 할 때, 즉 열을 받을 때 여러 가지 변화가 생기는데 이 때 유지의 영양 성분이 파괴될 뿐만 아니라 인체 건강에 해롭거나 독성이 있는 물질까지 생성된다. 이를 산패라고 한다.

연구 결과에 따르면 식용유를 200 ~ 300°C까지 가열하면 몇 가지 유형의 변화가 생긴다. 첫째는 열분해이다. 지방산 글리세리드는 열을 받으면 알데히드, 케톤, 알데히드산, 알데히드에스테르 등 작은 분자 물질로 분해된다. 이런 물질들은 특별한 냄새가 날 뿐만 아니라 인체 건강에도 해를 끼친다. 둘째는 기름층 내부의 산소 결핍 중합과 기름층 표면의 열산화 중합이다. 이 때 기름이 열분해되어 생성된 작은 분

자들은 중합되어 하나의 큰 분자 집단을 형성한다. 그러면 기름의 점
도가 커지고 끓는점이 높아지며 투명도가 낮아지고 밑부분에 진득진
득한 고형 침전물이 생긴다. 만약 사람들이 이런 기름으로 만든 음식
을 지속적으로 먹으면 만성 중독이 될 수 있기 때문에 이런 기름은 아
깝다고 두었다가 여러 번 다시 쓰지 말고 제때 버려야 한다.

왜 수돗물은 끓여 마셔야 하는가

수돗물이 공급되는 주요 과정을 보면 물 취수, 소독약 투입, 침전, 여과, 물 공급 등 몇 가지 부분으로 나눌 수 있다. 소독약은 취수한 물에 응고제와 함께 투입한다. 응고제는 물 속의 작은 과립들을 비교적 큰 과립으로 응집시켜 침전시킨다. 소독제로 쓰이는 염소는 물 속에 있는 대부분의 세균을 죽인다. 그렇기 때문에 수돗물은 비교적 깨끗한 물이라고 할 수 있다.

그런데 왜 수돗물을 직접 마시지 말라고 하는가?

염소 기체는 물에 용해되어 하이포아염소산(HClO)을 생성한다. 하이포아염소산은 매우 강한 살균 작용과 표백 작용을 한다. 동시에 하이포아염소산은 물 속에서 하이포아염소산염과 유기 염소(트리할로메탄)를 생성한다. 유기 염소는 산화성이 강하기 때문에 지속적으로 유기 염소가 들어 있는 물을 마시면 건강에 해롭다. 수돗물에 있는 유기 염소는 불안정하여 햇빛이나 열을 받으면 분해되어 휘발한다. 그러므로 수돗물을 끓이면 그 속에 있는 유기 염소가 없어지게 된다.

　정수장에서 정제한 물은 많은 수도관을 통하여 각 가정에 수송된다. 이런 수도관에는 일부 불결한 물질이나 세균이 있을 수 있기 때문에 정제한 물이 수송 도중에 2차로 오염될 수 있다. 또한 대부분의 공동주택들은 2차 급수 설비를 따로 쓰고 있다. 이런 급수 설비는 제때에 청소하지 않으면 심각한 오염을 초래할 수도 있다. 사람들이 만약 이렇게 오염된 물을 마시면 여러 가지 질병에 걸리기 쉽다.

　때문에 만약의 경우를 고려해서라도 수돗물은 바로 마시지 말고 꼭 끓여 마시는 것이 좋다.

잔여 염소

세균

오염

어떻게 세균으로 여러 가지
식료품을 생산할 수 있는가

적지 않은 사람들은 세균이라 하면 먼저 여러 가지 전염병부터 생각하게 될 것이다. 그러나 모든 세균이 다 인류에게 해로운 것은 아니다. 예를 들면 우리의 소화기에는 적지 않은 유익한 세균이 있는데, 이것들은 인체가 음식물을 소화하고 흡수하는 데 도움을 줄 뿐만 아니라 체내에서 해로운 세균의 번식을 막는 작용도 한다. 그 밖에 세균은 또 인류를 도와 여러 가지 식료품과 화학 공업 제품을 생산하는 데에도 관여한다.

빵은 우리가 일상 생활 가운데에서 흔히 먹는 음식이다. 이것은 효소균이 밀가루를 발효시켜 얻은 산물이다. 그 밖에 우리가 일상적으로 마시는 맥주나 막걸리, 식초, 된장, 간장 등은 모두 세균으로 발효시켜 얻은 산물이다.

19세기 말부터 사람들은 세균을 이용하여 화학 공업 제품을 생산하는 기술을 더욱 발전시켰다. 예를 들면 알코올, 글리세롤, 아세톤 등이다. 공업에서 알코올을 대규모로 생산할 때에도 세균 발효법을 쓰고 있다. 이렇게 하면 고구마, 옥수수 등과 같은 저렴한 원재료로도 알코올 등 제품을 직접 제조할 수 있으며, 그 공정이 간단하고 원가가 낮다.

20세기 중반부터는 과학자들이 세균을 이용해 페니실린, 마이실린과 테트라사이클린 등 항생제를 대량 생산해 냈다. 이는 인류가 각종 질병과 전염병을 극복하는 데 큰 도움을 주었다. 이렇게 세균으로 생산해 낸 항생제들은 지금도 여러 가지 질병을 치료하는 상용약으로 쓰이고 있다.

과학 기술의 발전과 더불어 오늘날에 이르러서는 세균을 이용하여 더 많은 신기술 의약품을 생산해 내고 있다. 새로운 항생제를 개발하는 외에 또 여러 가지 스테로이드 호르몬, 비타민, 아미노산, 단백질, 알칼로이드와 백신 등을 생산해 내고 있다. 또한 현대 생물 기술과 결합하여 미생물로 인터페론 등 새로운 약을 생산하여 암을 효과적으로 치료할 수 있게 하고 있다.

세균은 그 종류가 수도 없이 많다. 그 중에는 인류의 건강을 해치는 각종 해로운 세균이 있는가 하면, 또 인류에게 이로움을 가져다 주는 유익한 세균도 있다.

확신하건대 앞으로 과학 기술의 발전과 미생물 공학 기술의 발전으로 인하여 우리의 앞날은 더 밝아질 것이다.

우리는 빵, 술, 페니실린 등을 만드는 유익한 세균들

닭, 오리, 물고기 등은
잡은 즉시 끓여 먹는 것이 좋은가

　　대부분 사람들은 닭이나 오리, 물고기 등은 잡자마자 끓여 먹어야 신선하고 영양이 많다고 생각한다. 그러나 실제는 그렇지 않다. 동물을 잡은 후에도 그 체내에 활성 물질(효소 같은 것)이 존재하기 때문에 체내 조직은 일련의 생화학 반응을 한다. 동물은 잡아서부터 그 고기가 뻣뻣해지는 시기, 성숙기, 자체로 용해되는 시기 등 변화를 거쳐 나중에는 썩는다. 그럼 어느 때 끓여 먹는 것이 가장 좋은가?

　　식품 화학 검사에 의하면 금방 잡은 가금과 가축의 고기는 중성이나 약알칼리성을 띠는데, 그 pH는 7.2 ~ 7.4이다. 이 때 그 육질이 연하고 수분이 빠져나오면서 젖은 상태가 된다. 그 후 아밀라아제의 작용을 받아 고기 중의 당분(동물 녹말, 포도당)이 젖산으로 전환된다. 이 때의 pH는 5.0 ~ 5.5가 되고, 단백질이 굳어지면서 뻣뻣해지는 시기에 들어선다. 고기가 젖은 상태거나 뻣뻣해지는 시기에는 근육 조직

중의 단백질이 아직 분해되지 않고 많이 남아 있다. 그러므로 이 때 삶아 먹으면 인체가 영양분을 흡수하는 데 불리하다.

그 후 고기 중에 있는 아데노신 삼인산이라는 물질이 신속하게 분해되면서 인산을 생성한다. 아밀라아제도 계속 작용하면서 완전히 뻣뻣해졌던 고기가 연해지기 시작함과 동시에 즙이 나와 표면에 광택이 나는 얇은 막을 형성한다. 이런 얇은 막은 안에 있는 고기가 미생물의 침투를 받지 않게끔 보호한다. 이 때 고기는 성숙기에 들어간다. 성숙기에 들어간 고기 단백질이 계속 성질이 변하면서 구부러진 구조가 다시 느슨해지는 동시에 프로테아제의 작용에 의해 분해되어 각종 아미노산을 생성한다. 이 때 삶아 먹으면 인체가 영양분을 흡수하는 데 유리하다. 고기즙 중의 각종 아미노산은 육질이 더욱 신선한 맛을 유지하게 한다.

〈자체로 용해되는 시기〉란 고기 단백질이 더욱 분해되어 아미노산을 생성하는 과정을 가리킨다. 이 과정에서 아미노산이 물에 용해되기 때문에 고기가 저절로 용해되는 현상이 나타난다. 사실상 동물의 근육이 제일 뻣뻣한 시기로부터 연해지기 시작할 때면 자체로 용해되는 과정이 시작된다. 자체로 용해되는 것이 뚜렷할 때는 이미 미생물이 작용하기 시작하여 고기가 점차 분해되면서 썩는 것이다.

이로써 다음과 같은 것을 알 수 있다. 가금과 가축은 금방 잡아서 삶아 먹는 것이 좋지 않다. 성숙기와 자체로 용해되는 시기에 들어선 고기가 삶아 먹기 제일 적합하다. 이 때의 고기는 영양가가 제일 높다. 일반적으로 닭과 오리는 잡아서부터 4 ~ 6시간 후에 삶아 먹는 것이 좋고, 돼지, 소, 양 등은 잡은 후 여름에는 1 ~ 2시간 후, 겨울에는 적어도 4시간 후에 삶아 먹는 것이 좋다. 냉동 고기는 성숙기가 좀 길다. 예를 들면 시장에서 파는 냉동 고기 제품은 일반적으로 모두 성숙 처리를 거쳤기 때문에 식용 가치가 신선한 고기보다 낮지 않으며, 심지어는 더 높다.

식품의 〈다섯 가지 맛〉은
어디서 오는가

달고, 시고, 쓰고, 맵고, 짠 것을 〈다섯 가지 맛〉이라고 한다. 그럼 각종 식품은 어떻게 갖가지 맛을 가지고 있는가?

음식물의 짠맛은 주로 식염(염화나트륨)에서 온다. 식염은 나트륨 이온과 염화 이온으로 이루어져 있다. 염화 이온은 짠맛을 나게 한다. 나트륨 이온은 약간 쓴맛이 난다. 쓴맛이 나는 칼륨 이온, 떫은맛이 나는 칼슘 이온, 쓴맛이 아주 강한 마그네슘 이온과 비교해 볼 때 나트륨 이온으로 이루어진 식염의 짠맛이 제일 순수하다. 염화마그네슘, 염화 칼슘 등과 같은 다른 무기염들도 모두 쓴맛과 떫은맛을 가지고 있다. 식염을 제외한 다른 유기염도 짠맛이 나는 것이 있다. 예를 들면 말산 나트륨, 글루콘산나트륨 등도 짠맛이 나는데, 아주 미약하다.

신맛은 주로 각종 산에서 온다. 예를 들면 식초의 신맛은 초산에서 온다. 각종 산에서 신맛을 내는 물질은 산 중의 수소 이온이다. 이로부터 강산의 신맛은 약산보다 크다는 것을 알 수 있다. 그것은 강산은 같은 농도에서 더욱 많은 수소 이온을 만들기 때문이다.

산 중의 음이온도 맛 보조제 역할을 한다. 수소 이온의 농도가 같은 조건에서 각종 산의 맛은 음이온에 의해 결정된다. 예를 들면 초산의 신맛은 염산보다 강하다. 산 중의 음이온이 다르면 신맛에 쓴맛, 떫은 맛과 같은 다른 맛이 섞이게 된다. 맛이 좋은 산은 대부분 레몬산, 젖산, 초산, 말산과 같은 유기산이다. 무기산의 맛은 매우 불쾌하기 때문에 식품에는 거의 쓰지 않는다.

식품 중의 단맛은 대부분 지방족의 옥시화합물에서 온다. 일반적으로 분자 구조 중에 히드록시기가 많을수록 그 맛이 더 달다. 예를 들면 5%의 알코올 용액은 약간 달다. 그것은 알코올 분자에 히드록시기가 1개 있기 때문이다. 에틸렌글리콜 분자에는 히드록시기가 2개 있으므로 알코올보다 조금 더 달고 글리세린(트리옥시프로판이라고도 한다) 분자에는 히드록시기가 3개 있으므로 단맛이 아주 강하다. 우리가 평상시에 사용하고 있는 단맛 재료는 대부분 히드록시기를 여러 개 가지고 있는 당이다. 예를 들면 설탕, 과당, 맥아당, 젖당 등이다. 꿀이 특히 단 것은 꿀의 주요 성분인 포도당(36.2%), 과당(37.1%), 설탕(2.6%) 등 거의 75%에 달하는 물질이 모두 짙은 단맛을 가지고 있기 때문이다.

이 밖에 인공 합성한 사카린도 단맛이 나는데, 그 당도는 설탕의 몇백 배이다. 사카린의 화학 구조는 설탕 등의 식용 당과는 아주 다르다.

음식물 중의 쓴맛은 주로 각종 생물염기에서 온다. 예를 들면 커피의 쓴맛은 카페인에서 오고, 찻잎의 쓴맛은 사포닌에서 온다. 각종 한약재는 쓴맛이 강한데, 그 속에 다양한 식물염기가 들어 있기 때문이다. 맥주의 쓴맛은 호프에서 온다. 염화마그네슘, 염화칼슘, 요오드화칼륨 등 일부 무기염도 쓴맛이 나는데, 이런 염의 쓴맛은 식용으로 가치가 없다.

음식물 중의 매운맛은 그 종류가 적지 않다. 예를 들면 고추 중의 캅사이신, 생강 중의 쇼가올과 진저롤, 마늘 중의 알리나제와 알리신 등은 모두 매운맛을 내는 물질이다. 그것들의 성분이 서로 다르므로 매운맛도 여러 가지이다.

짜다 — 소금, 간장, 장 (염화나트륨)

시다 — 식초 (초산, 레몬산 등)

달다 — 꿀, 알코올, 설탕 (옥시화합물)

쓰다 — 홍차 (생물염기)

맵다 — (캅사이신, 쇼가올, 진저롤, 알리신 등)

떫다 — (탄닌)

향료는 어디에서 오는가

사람들이 향료를 사용한 시기는 확실하지 않다. 하지만 고대 이집트 제5왕조(BC 25~BC24)의 향로가 발견되었고, 향료를 사용한 흔적이 있는 미라도 발견되었다. 또한 구약성서의 〈출애급기〉 등에 '유향, 몰약' 이라는 말이 있는 것으로 미루어 볼 때 약 4000~5000년 전이라고 추정할 수 있다. 향료는 주로 부녀자들의 화장품이나 음식물의 조미료로 향품, 유향, 몰약, 화초 등의 천연 향료를 썼다. 천연 향료는 대부분을 식물에서 추출하는 것 외에 사향노루향, 사향고양이향, 용연향 등 동물에서 채집한 동물 향료가 있다.

고대 로마시대 향로

고대 사람들은 모두 풀뿌리, 나무 껍질 등의 생향료를 사용했다. 대량의 생향료를 채집하고 운반하고 저장하려면 몹시 불편하다. 때문에 사람들은 이런 향료 식물에서 향기나는 성분을 추출해서 사용하려는 생각을 했다.

천연 식물에서 향료를 추출할 때는 증류의 방법을 쓴다. 장미, 정향과 오렌지의 꽃, 박하의 줄기와 잎, 옥계의 껍질 등은 모두 증류의 방법으로 향기로운 방향유를 얻는다. 레몬, 오렌지나무, 귤껍질 속의 방향유는 기계로 압착하거나 짓찧는 방법으로 짜내는 것이 제일 좋다. 야들야들한 말리화, 남천소형, 치자 등은 용매로 침출하는 방법을 쓴다. 즉 이런 꽃들을 다공성 용기에 담고 거기에 석유에테르 등의 유기 용매를 넣고 회전시킨다. 그러면 꽃 속의 향기가 천천히 용해된다. 그 후 용매를 증발시키면 몹시 향기로운 응고물을 얻게 된다.

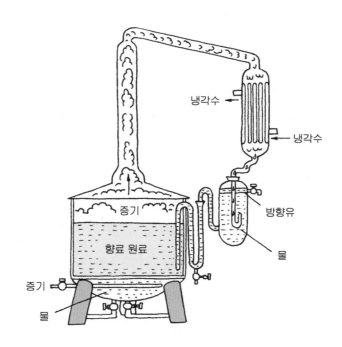

근 100년래 유기 화학이 아주 빠른 속도로 발전됨에 따라 천연 향료 자원은 더욱 충분히 이용되고 있다. 과학자들은 또 향기가 특이한 향료를 수천 종 합성해 냈다. 이런 것들 가운데 어떤 것은 자연계에 이미 있는 것이고, 어떤 것은 이제까지 발견한 적이 없는 귀중한 향료이다.

　모든 향료는 다 유기 화합물이다. 그것들은 대부분 알코올, 알데히드, 케톤, 에스테르, 에테르류에 속하는데 그 분자 안에서의 구조가 다르기 때문에 그 향기도 다르다. 예를 들면 바닐린은 일종의 방향족 알데히드이다. 천연적인 바닐라 열매에 바로 이런 바닐린이 들어 있다. 석탄 타르로 제조해 낸 화학 제품인 구아야콜로도 바닐린을 대량으로 합성해 낼 수 있다. 그리고 장미 향기를 띤 향료인 페닐에틸알코올은 석유 화학 제품 스티렌을 에폭시화하고 촉매의 작용 하에 수소를 부가시켜 제조해낸 것이다. 단향 향료는 천연 단향에서 증류해 낼 뿐만 아니라, 화학 원료로도 합성해 낸다.

　최근에 적외선 스펙트럼 분석기와 크로마토그래프 - 질량 분석기, 핵자기 공명장치 및 고속 액체 크로마토그래피 등 근대 화학 계기가 응용됨에 따라 많은 천연 방향유와 향기의 미량의 성분들이 끊임없이 발견되고 있다. 사람들은 이런 성분의 화학 구조에 따라 향료를 합성한 후, 다시 조합하여 합성 향료를 만들어 냈는데 그 향기와 맛은 거의 천연 향료와 같다.

제2장 일상생활 속의 화학 이야기

왜 종이를 오래 두면
누렇게 변색되는가

종이공장에서 먼저 나무 등의 물질을 분쇄하여 삶고 표백하여 종이 펄프를 만든 다음 종이 펄프를 얇게 압축하고 가열하여 마지막에 종이를 생산한다.

종이는 비록 생명은 없지만 노화된다. 다년간 놓아둔 종이는 점차 누렇게 변하다가 약해져 마지막에는 조금만 건드려도 쉽게 파손되는데 이것은 무엇 때문일까?

나무로 종이를 만들 때 나무 성분 중의 섬유소가 종이에 들어가 종이의 견고성을 더해 준다.

종이를 공기 속에 오래 놓아 두면 공기 속의 산소가 종이 속의 섬유소와 점차 화합하면서 희던 섬유소가 누렇게 변하게 된다. 또한 종이를 빨리 노화시키는 또 다른 요인은 빛이다. 빛은 종이 속의 섬유소와 광화학 반응을 일으키면서 표백되었던 색소를 점차 원래 색깔로 변화시킨다. 이렇게 시간이 지나면 종이가 누렇게 변하고 약해진다.

때문에 도서실의 책장에는 종종 색깔이 있는 유리문을 달아 책이 빛을 직접 받지 못하게 하여 책의 수명을 연장시킨다.

왜 어떤 종이는 불에 타지 않는가

종이는 아주 쉽게 연소하는 물질이란 것을 다 알고 있다. 그런데 불에 타지 않는 종이가 있다는 것은 정말인가? 그렇다. 확실히 불에 타지 않는 종이가 있다. '내화지'는 성능이 아주 특수하여 불 속에 넣어도 타는 것이 아니라 천천히 숯이 된다. 또 다른 한 가지는 세차게 타오르는 불 위에 올려놓은 다음 손으로 종이면을 만져 보아도 손이 데지 않고 그 위에 물주전자를 올려놓고 반나절이 지나도 물이 끓지 않는다. 이와 같이 불에 견디고 열을 차단하며 연소하지 않는 종이를 '단열 판지'라고 한다.

일반적인 종이는 나무나 식물 섬유와 같은 유기물을 원료로 하여 제조되어 쉽게 불에 탄다. 그러나 내화지는 석면이나 유리 섬유 등 무기물을 원료로 하여 제조되기 때문에 연소되지 않는다. 단열 판지는 녹는점이 아주 낮은 규산알루미늄과 산화지르코늄 섬유로 만들어져 역시 연소하지 않는다. 일반적으로 100%의 유리 섬유로 만들어진 종이는 500 ~ 700℃의 고온에 견디고, 규산알루미늄 섬유로 만들어진 종이는 1200 ~ 1300℃의 고온에 견디며, 산화지르코늄 섬유로 만들어진 종이는 2500℃의 고온에도 견딘다.

우주 비행 기술이 발전함에 따라 전문가들은 내화지를 로켓, 인공위성과 우주 비행선의 복층 단열 계통에서 열전도를 막고 연소를 방지하는 재료로 이용하고 있다.

이 밖에 인산염이나 유기 할로겐화물을 연소 방지제로 쓸 수 있다. 이런 연소 방지제를 용해시킨 용액에 일반적인 종이나 판지를 담갔다가 꺼내어 말려도 방화 작용을 할 수 있다. 방염 처리를 거친 이런 종이를 집안 벽에 바르거나 전기 공업에서 단열, 방염 재료로 사용하면 화재를 막는 데 좋은 효과를 볼 수 있다.

책이나 글을 써 놓은 종이 서류에 방염 처리를 해놓으면 이런 책이나 자료가 직접 불과 접촉하지 않는 조건에서 화재가 발생하여 서류함이 고열을 받아도 보존이 가능하다.

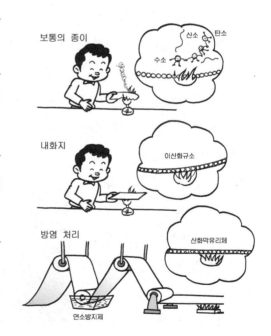

왜 화선지는 글씨를 쓰거나 그림을 그리는 데 적합한가

서예와 동양화는 전통 문화의 정수이다. 서예가와 화가들의 성숙된 예술 감각 외에 그들이 쓴 화선지가 예술의 신비로운 운치를 표현하는 중요한 요소가 되었다.

그럼 화선지는 왜 글을 쓰거나 그림을 그리는 데 적합한가?

화선지는 닥나무 껍질과 볏짚으로 만든 진귀한 종이로 종이면이 희고 섬세하여 부드럽고 질길 뿐만 아니라 먹을 골고루 흡수하고 물을 흡수하는 성질이 강하다. 화선지는 서예와 동양화 분야에서 특수한 효과가 있어 많은 서예가들의 환영을 받아 왔다. 화선지는 먹을 마르지 않고 눅눅하게 하는 성질을 가지고 있다. 짙은 먹을 묻힌 붓을 종이

화선지의 원료가 되는 닥나무 속껍질

에 대면 먹의 색깔은 고정된 위치에 부착되지만 먹의 물은 종이에 확산된다. 그러므로 서예가들이 마음껏 붓을 날릴 수 있으며 작품에서 먹이 진한 부분은 새까맣게 빛이 나고 먹이 옅은 부분은 청아하고 희미하여 그 차이가 분명하고 생생하다. 이런 예술적 효과는 다른 종이들이 근본적으로 나타낼 수 없는 화선지만의 특성이다.

화선지는 또 수명이 아주 길다. 수천 년간 보관되어 온 서예 작품들이 지금까지도 담옥색을 보존하고 있다. 화선지는 수백 번의 정밀 가공을 거쳐 생산되는 고급 종이로써 잡성분의 함량이 극히 낮아 쉽게 변색하지 않는다. 좀벌레는 닥나무 껍질의 성분을 싫어하기 때문에 화선지 서예 작품은 오래 두어도 좀이 먹을 걱정이 없다. 또 화선지 섬유는 강한 끈기가 있어 쉽게 찢어지지 않기 때문에 오래 보관할 수 있다.

왜 크라프트 종이는 질긴가

건축 공사장에 가면 시멘트를 가득 넣어 쌓아 놓은 포대들을 보게 된다. 시멘트를 넣은 이런 포장지가 바로 크라프트 종이(kraft paper, 시멘트 종이라고도 함)이다. 크라프트 종이는 값이 비싸지 않다. 크라프트 종이는 아주 질긴 종이로서 소포를 포장할 때 이용하기도 한다. 그럼 이런 종이는 어떤 재료로 만들어지기에 이토록 질긴가?

초기에는 크라프트 종이를 송아지 가죽으로 만들었다. 그러나 제지 기술이 발달하면서 나무를 이용해 종이를 제조하게 되었다. 제지 공장에서는 나무의 섬유질을 이용하여 화학적인 방법으로 펄프를 제조한 다음 물에 넣고 짓이긴 후 접착제, 염료 등을 넣고 나중에 제지기로 종이를 생산한다. 크라프트 종이는 누르스름한 색깔을 띠고 소가죽처럼 질기다고 하여 사람들은 〈힘(크라프트)〉이라는 이름을 달아 주었다.

사실 크라프트 종이를 제조하는 방법은 일반적인 종이를 제조하는

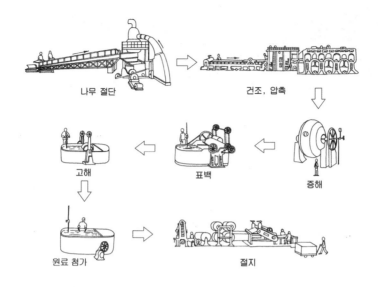

나무 절단　　　　　　　　건조, 압축

증해

고해　　　　　　표백

원료 첨가　　　　　　절지

방법과 크게 다른 점이 없다. 그러나 크라프트 종이를 제조하는 데 쓰이는 나무 섬유는 비교적 길고, 또 나무를 삶을 때 수산화나트륨과 황화나트륨 등의 화학적 처리를 한다. 그리고 펄프에 강한 표백 처리를 하지 않아 화학적 작용으로 인한 손상이 비교적 적기 때문에 나무 섬유의 질긴 성질이 그대로 보존된다. 이런 펄프 원료로 종이를 제조하면 섬유와 섬유 사이가 조밀하게 형성되고 여기에 강도를 높여 주는 접착 성분을 첨가하면 종이는 더욱 질겨지게 된다.

　사람들은 이런 질긴 성질을 이용하여 크라프트 종이를 포장지로 널리 이용하고 있다.

왜 어떤 섬유는 불이 붙으면
스스로 꺼지는가

천연의 목화나 삼, 인공적으로 합성한 카프론, 니트론, 프롤렌 등은 모두 발화점(300 ~ 400℃)이 낮기 때문에 쉽게 불이 붙는다. 과학자들은 스스로 불이 꺼질 수 있는 섬유를 이미 연구, 제작하였다. 이런 섬유들은 지금 항공, 항해 등의 영역에 널리 응용되고 있으며, 일반 가정과 상가에도 점차적으로 보급되고 있다.

대다수의 섬유는 탄소, 수소, 산소를 함유하고 있는 고분자 화합물이다. 이런 물질들은 연소 과정에서 먼저 기체 상태의 분자들로 분해되는 한편 화학에서 유리기라고 하는 원자나 원자단을 생성한다. 수소 유리기(H), 수산화 유리기(OH), 과산화수소 유리기(OOH) 등은 쌍을 이루지 못한 단전자를 가지고 있기 때문에 특별히 활발하다. 유리기가 생기기만 하면 마치 눈사태가 일어나듯이 증가되면서 불길을 점점 세차게 한다. 이런 연쇄 반응식의 연소를 근본적으로 막는 효과적인 방법은 유리기를 흡수해 버리거나 유리기가 가지고 있는 에너지를 낮추어 그 활성을 잃게 하는 것이다.

　각종 천연 섬유와 합성 섬유들은 모두 스스로 불을 꺼버릴 수 있는 능력이 없다. 그런데 폴리염화비닐과 같은 테비론 섬유는 연소할 때 생기는 유리기를 흡수할 수 있다. 만일 섬유 분자에 염소 원자를 부가한다면 그것들이 연소할 때 염화수소가 생기기 때문에 연소 저해 원소라고 부른다.

　염소 외에 연소를 저해하는 원소들은 불소, 브롬, 인, 유황, 안티몬 등이다. 브롬화수소, 불화수소, 황화물, 인화물 등은 염화물과 마찬가지로 연소 과정에 유리기를 흡수해 버리거나 유리기의 활성을 낮추어 주는 성질을 가지고 있다. 때문에 가연성 섬유에 연소 저해 원소를 부가하면 효과적으로 화재를 막을 수 있다. 예를 들면 가연성이 강한 프롤렌 섬유 속에 브롬, 안티몬으로 결합된 복합 연소 방지제를 부가해 넣어 연소 방지 프롤렌 섬유를 만들 수 있다. 이런 섬유는 연소할 때 브롬화수소와 브롬화안티몬이 생기면서 유리기를 끊임없이 흡수하고 유리기와 고체 입자들이 충돌하면서 유리기의 활성을 저하시키기 때문에 불이 꺼진다. 이런 소화 효소는 분말 소화제의 작용과 비슷하다. 니트론도 역시 쉽게 연소하는 섬유이지만 제조 과정에 클로로에틸렌 (염화비닐), 브롬에틸렌을 니트론 분자 속에 첨가해 넣으면 연소 방지 니트론을 제조할 수 있다.

왜 합성 섬유는
철사보다 더 단단한가

　　어떤 밧줄이 튼튼한지 묻는다면 사람들은 나일론 밧줄이 튼튼하다고 말할 것이다. 나일론은 사람들에게 일찍 알려진 합성 섬유로써 흔히 접하는 것들로는 나일론 6과 나일론 6.6 등이다. 나일론 직물의 특징은 강도가 높고 탄성과 내마모성이 좋은 것이다. 나일론으로 고기잡이 그물, 낙하산 등을 만들면 효과가 아주 좋다. 나일론실은 〈거미줄보다 약하고 철사보다 더 단단하다〉고 평가받고 있는데, 이 말은 조금도 과장이 없다. 측정에 의하면 나일론 6.6 섬유의 인장 강도는 같은 굵기의 철사를 월등히 능가하였다.

　　나일론 이후에 과학자들은 강도가 더 높은 〈케블라(kevlar)〉라고 하는 고분자 섬유를 연구 개발해 냈다. 이 합성 섬유의 인장 강도는 나일론 6.6의 2.8배이고, 철사의 6 ~ 7배이다. 그러나 무게는 굵기가 같은 철사의 5분의 1밖에 안 된다. 직경이 6㎜밖에 안 되는 〈케블라〉 섬유 밧줄로 무게가 2톤에 달하는 자동차를 들어올렸을 때 이 장면을 구

경하던 사람들은 모두 경탄
을 금치 못했다. 현재 이 섬
유는 경질 고강도의 항공 재
료로 널리 쓰이고 있다. 예를
들어 〈케블라〉 섬유와 탄소
섬유로 제조한 〈보잉〉 727
여객기의 기체는 이전보다

무게가 1톤 가량 줄어들어 기름 소모량이 30% 절약되었다.

〈케블라〉 섬유는 방탄 성능이 좋고 무게가 특히 가볍기 때문에 방
탄복을 만드는 이상적인 재료이다. 이 밖에 이 섬유는 밧줄, 고압 용
기, 레이더 안테나 덮개, 로켓 엔진 외곽 등 많은 제품을 제조하는 데
쓰이고 있다.

나일론과 〈케블라〉가 이토록 센 인장 강도를 보이는 것은 이런 물
질들의 구조가 특별하기 때문이다. 폴리아미드 분자 사슬에는 아미드
기가 존재한다. 분자 사슬 사이의 아미드기는 수소 결합을 통해 작용
하면서 분자 사이의 작용력을 크게 강화시키기 때문에 섬유의 강도를
대폭적으로 높여준다. 이 밖에 합성 섬유의 강도는 또 방사 기술과도
밀접한 관계를 가지고 있다. 이를테면 나일론은 용융 방사법 즉 중합
체를 녹인 다음 다시 실을 뽑아내는 기술로 제조한다.

〈케블라〉는 액체 결정 방사법 즉 액체 상태에서 고분자들을 질서
있게 배열한 다음 실을 뽑아내는 기술로 제조한다. 때문에 〈케블라〉
직물은 가위로 베려고 해도 쉽지 않다.

어떻게 가스 감지기는
기체의 〈냄새〉를 가려내는가

　　호텔이나 백화점에 가면 천장에 가스 감지기를 장치해 놓은 것을 볼 수 있다. 이런 경보기는 화재가 발생했을 때 자동적으로 소리를 내어 사람들에게 상황을 알린다. 그리고 일부 가정에서는 안전을 고려하여 자동 가스 감지기를 장치하기도 한다. 일단 집안에서 가스가 새어 일정한 양에 도달되기만 하면 사람이 냄새를 감지하기 전에 감지기가 자동적으로 울려 신호를 알린다. 그럼 이런 장치들은 어떻게 연기, 가스, 기타 가연성 기체의 냄새를 가려내는가?

다양한 〈후각〉 성능을 가진 〈전자 코(electronic nose)〉는 〈기체 감지 전기 저항〉 재료로 제조되었다. 전문가들은 산화물 도자기의 반도체 성질을 연구하는 과정에 이런 도자기에 일부 성분을 첨가하면 그 전기 저항이 주위의 기체 성분이 달라짐에 따라 변화를 가져온다는 것을 발견하였다. 이런 도자기로 탐침(探針)을 만들면 전기 저항의 변화에 근거하여 주위 환경에 어떤 기체가 존재하고 있다는 것을 알 수 있다. 이런 소자를 〈기체 감지 전기 저항〉이라고 한다. 예를 들어 산화석 등 산화물이 들어 있는 복합 기체 감지 전기 저항은 일산화탄소나 연기를 만나면 그 전기 전도율이 뚜렷이 변하고, 산화철이나 산화아연이 들어 있는 기체 감지 전기 저항은 부탄, 프로판이 주요 성분인 LPG와 메탄이 주요 성분인 천연 가스에 대해 아주 민감하다. 여러 종류의 〈후각〉 감지 전기 저항 소자들은 전기 전도의 변화를 통해 수소, 일산화탄소, 산화질소, 암모니아, 메탄, 에틸렌, 벤젠, 프레온과 같은 다른 기체의 〈냄새〉를 감지해 낸다.

기체 감지 재료 외에도 전기, 소리, 빛, 자기, 습기 감지 재료 등이 있다. 이러한 재료들은 전기, 소리, 빛, 자기, 열, 습기 등 변화에 민감한 반응을 가지는 물리적 및 화학적인 특성을 가지고 있다. 최근 가장 많이 응용되고 있는 새로운 감지 재료는 산화물 도자기, 각종 반도체, 유기막 등이 있다.

현재 감지 재료는 자동 제어, 원격 제어 및 각종 측정 기술에서 없어서는 안 되는 필수 재료로 쓰이고 있다. 이런 재료는 사람들의 청각, 시각, 후각, 미각, 촉각을 대체하여 의료, 가정, 생산, 과학 기술 등의 각 분야에서 인류의 훌륭한 〈조수〉가 되고 있다.

왜 멜라민으로
식기를 만들면 좋은가

다양한 품종의 플라스틱 제품 가운데 유독 멜라민 제품만 독이 없고, 열에 견디고, 견고하다는 등의 장점을 가지고 있다. 멜라민(melamine)으로 만든 각종 식기, 과일 접시, 커피잔 등은 모양이 특이하고 도안이 아름다워 사람들에게 환영을 받고 있다.

플라스틱에는 생산량이 많고 용도가 넓은 품종이 아주 많다. 예를 들면 폴리비닐계 플라스틱은 독이 없고 화학적 안정성이 좋아 식료품과 약품을 포장하는 박막을 만드는 데 쓰이고, 폴리염화비닐계 플라스틱은 산과 염기에 잘 견디므로 박막, 인공 가죽, 관, 판자 등을 만드는 데 쓰인다. 폴리스티렌계 플라스틱은 투명하고 독과 냄새가 없어 차량의 등갓, 계기의 외각 및 각종 일용품을 만드는 데 쓰인다.

그런데 이런 플라스틱들은 열에 견디지

못하는 공통된 단점이 있다. 예를 들면 폴리스티렌계 플라스틱과 폴리염화비닐계 플라스틱은 약 80℃에서 연해지고 변형하고, 폴리비닐계 플라스틱은 뜨거운 물에 담그지 못한다. 그러므로 이런 플라스틱으로는 늘 더운물에 씻는 식기를 만들 수 없다.

멜라민은 대부분의 플라스틱과는 달리 150℃의 온도에 견디기 때문에 물에 끓여서 소독할 수 있다. 또한 멜라민은 독이 없고 노화되지 않는다. 멜라민은 표면 경도가 크고 강도도 좋고 도자기처럼 광택이 나고 때도 잘 진다. 멜라민에는 또 각종 무늬를 그려 넣거나 색을 칠할 수도 있다.

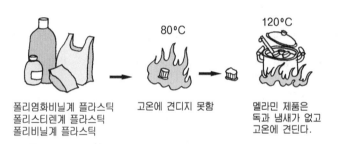

폴리염화비닐계 플라스틱
폴리스티렌계 플라스틱
폴리비닐계 플라스틱

고온에 견디지 못함

멜라민 제품은 독과 냄새가 없고 고온에 견딘다.

이 밖에 멜라민은 유리나 도자기보다 가볍고 잘 깨어지지 않기 때문에 식기를 만들기에 아주 적합하다.

멜라민 식기는 처음 항공사에서 비행기 내의 식사 도구로 사용하였다. 멜라민은 또 산화와 마찰에 견디고 잘 연소되지 않는 등의 장점이 있기 때문에 전기 기구의 스위치, 전화기의 부품 등을 만들기 적합하다. 더욱이 멜라민으로 만든 각종 장식을 건축물, 비행기, 선박, 자동차 등의 내부 장식에 쓰면 아름답고 안전하며 가볍다.

왜 전구를 오래 쓰면
검어지는가

새로 사온 전구는 밝고 투명하지만 오래 쓰면 전구 유리 안이 검어진다. 전구가 검어지면 밝지도 않을 뿐 아니라 그 수명도 길지 못하게 된다.

전구는 왜 검어지는가?

원래 전구 안에는 가는 텅스텐선이 있다. 가는 텅스텐선의 저항은 아주 크기 때문에 전류가 흐를 때 많은 열을 낸다. 텅스텐선이 높은 열에 의해 새하얗게 작열되면서 눈부신 빛을 발산한다.

텅스텐은 경도가 크고 녹기 어려운 금속으로써 그 녹는점은 3380℃에 달한다. 이것이 텅스텐을 필라멘트로 쓰는 이유이다. 그러나 텅스텐선은 지나칠 정도의 고온상태가 되면 그 표면의 일부분이 증기로 변해 휘발된다. 이런 증기가 전구의 찬 유리를 만나면 그곳에 응결되어 붙는다. 이렇게 전구를 일정 기간 쓰면 전구가 검어진다. 전구가 검어지면 그 수명이 얼마 남지 않았다는 것을 알려준다. 텅스텐선은 휘발할수록 더 가늘어진다. 텅스텐선이 가늘면 가늘수록 저항이 더 커지고 전류가 흐를 때 생기는 온도가 더 높아진다. 그러면 그 휘발 속도가 빨라진다. 이렇게 텅스텐선이 더 견디기 어려울 정도로 가늘어지면

에디슨의 전구

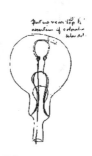

Edison
Electric Light Bulb

결국 끊어진다. 그러면 전구의 수명은 끝난다.

전구 공장에서는 텅스텐선의 휘발을 억제하기 위해 전구 안에 질소나 불활성 기체를 넣는다. 이런 기체들이 텅스텐선을 둘러싸고 텅스텐을 휘발하지 못하게 하기 때문에 불활성 기체를 넣은 전구는 쉽게 검어지지 않고 오래 쓸 수 있게 된다.

질소 또는 불활성기체

특수 전구

일반 전구

왜 불꽃은 여러 가지 색이 나는가

 경축 행사날 밤이면 쿵쿵 하는 소리와 함께 오색 찬란한 불꽃이 온 하늘을 덮는다.

불꽃의 외형은 어떻게 생겼는가? 불꽃의 밑부분은 큰 폭죽과 같고, 꼭대기 부분은 둥근 구와 같다. 불꽃의 밑부분에는 흑색 화약을 넣었다. 그리고 밑부분 아래쪽에 도화선이 있다. 불꽃을 쏘아올릴 때 도화선에 불을 붙인 후 바로 포신 안에 넣는다. 도화선이 흑색 화약을 연소시키면 대량의 기체와 열이 생기기 때문에 불꽃을 하늘로 올려보낸다. 이와 동시에 불은 계속 도화선을 따라 불꽃의 꼭대기 부분까지 타들어 간다.

불꽃의 꼭대기 부분에는 연소제, 조연제, 발광제와 발색제가 들어 있다.

연소제도 흑색 화약으로 만든다. 흑색 화약이 연소할 때 대량의 열과 빛을 내기 때문에 그것으로 발광제와 발색제를 인화시켜 불꽃을 터지게 한다. 그러면 발광제가 사방으로 흩어진다.

조연제는 질산칼륨, 질산바륨 등으로 조성되었다. 질산칼륨, 질산바륨 등은 열을 받으면 분해되면서 대량의 산소를 방출하기 때문에 연소제가 더욱 맹렬하게 연소한다.

발광제는 알루미늄 가루나 마그네슘 가루이다. 이런 금속 가루는 맹렬하게 연소하면서 밝은 빛을 낸다. 불꽃을 터뜨린 후에는 하늘에서 흰 재가 떨어진다. 그것은 금속이 연소한 후에 생성된 산화알루미늄이나 산화마그네슘의 흰 가루이다.

발색제는 불꽃 중에서 제일 중요한 역할을 한다. 불꽃의 아름다운 색깔은 전부 발색제에 의거한다. 발색제는 일반적인 화학 약품인 금속염류이다. 많은 금속염은 고온에서 각종 색깔의 빛을 낸다. 예를 들면 질산나트륨과 산성 탄산나트륨은 노란 빛을 내고, 탄산구리와 황산구리는 파란 빛을 내고, 알루미늄 가루와 알루미늄 마그네슘 합금은 하얀 빛을 낸다. 이런 현상을 불꽃 반응이라고 한다. 매개 금속염은 고온에서 연소할 때 모두 고유한 색깔의 빛을 낸다.

이렇게 불꽃에 기묘한 〈발색제〉를 쓸 뿐만 아니라 또 발색제를 탄알이나 포탄에 넣어 신호탄을 만든다. 파도가 사나운 바다에서 붉은 신호탄은 구급 신호이다. 대사막에서 길을 잃은 사람들은 신호탄으로 구조를 요청한다. 전쟁터에서는 각종 색깔의 신호탄으로 군사 행동을 지휘한다.

이 밖에 금속의 이런 불꽃 반응은 광석에 들어 있는 금속을 감별하는 데도 이용한다.

초가 타면 무엇으로 변하는가

 이 물음에 적지 않은 사람들은 〈초가 타면 없어지기 때문에 아무것도 남지 않는다〉고 대답할 것이다.

초가 타면 정말 〈없어지는가〉?

유리컵, 초, 석회수 한 컵을 준비한다. 석회수는 다음과 같이 만든다. 생석회 조각을 물에 용해시키면 석회수가 된다. 이 석회수가 맑아지면 위층의 맑은 액체를 따라놓는다.

촛불을 켜고 유리컵을 촛불 위에 씌운다. 그러면 컵에 안개가 끼고, 컵 벽에는 작은 물방울이 맺힌다.

이런 물은 어디에서 오는가? 초에서 온다.

깨끗한 유리컵에 석회수를 부어 넣었다가 쏟아 버린다. 그러면 컵 벽은 석회수로 젖게 된다. 다시 이 컵을 촛불 위에 씌운다. 얼마 후 석회수는 흐려지며, 우유를 부어 마셨던 컵처럼 된다.

석회수는 왜 흐려지는가? 그것은 컵 안에 이산화탄소가 있었기 때문이다. 석회수는 이산화탄소를 만나면 화학 반응을 하면서 탄산칼슘을 생성한다.

원래 초가 타면 〈없어지는 것〉이 아니라 다른 두 가지 물질인 물과 이산화탄소로 변한다.

과학자들은 초의 연소를 연구하는 과정에서 초가 연소한 후 생성하는 물과 이산화탄소의 질량은, 초와 초가 연소할 때 소모한 산소의 총질량과 같다는 것을

이산화탄소

물알갱이

발견하였다. 즉 초를 구성하는 물질은 타서 없어진 것이 아니라 다른 물질로 변화된 것이다.

초뿐만 아니라 목재, 석탄이 탈 때도 이러하다. 이것들이 노(爐) 안에서 탈 때 화학 반응을 일으키면서 이산화탄소, 물과 재로 변한다. 물은 수증기가 되어 날아가고, 이산화탄소도 공기 중에 흩어지고, 재만 남는다.

사실 지구상의 물질은 모두 이러하다. 물질이 화학적 변화를 일으킬 때면 원래의 물질은 없어지지만 다른 어떤 물질을 한 가지나 몇 가지 생성한다. 물질이 이렇게 저렇게 변화해도 변화 전후의 총질량은 언제나 같다. 이것이 자연계의 기본 법칙 중의 하나인 〈질량보존의 법칙〉이다.

어떻게 라이터로
불을 켤 수 있는가

 라이터에 라이터돌을 넣고 누르기만 하면 '찰칵' 하는 소리가 나면서 불꽃이 일어 곧 불이 붙는다.

라이터돌은 무엇으로 만드는가?

라이터돌은 금속 세륨, 란탄과 철의 합금이다. 세륨과 란탄은 모두 아주 쉽게 연소하는 금속이다. 세륨은 건조한 산소 속에서 320℃에 달하면 연소한다. 라이터의 회전바퀴는 강한 금강사(金剛砂)로 만들었다. 그것이 라이터돌을 마찰할 때 한 방향으로는 마찰에 의해 열이 생기고 다른 한 방향으로는 마찰에 의해 떨어진 세륨과 란탄의 뜨거워진 분말들이 공기 속에서 곧 연소하면서 불꽃을 일으킨다.

라이터에 넣는 것은 쉽게 불이 붙는 휘발유나 부탄가스이다. 라이터돌에 튕긴 불꽃이 휘발유에 젖은 심지나 부탄가스에 떨어지면 이런 연료들에 곧 불이 붙는다.

대자연 중의 세륨과 란탄 등은 희토류(稀土類) 원소이다. 일반적으로 모나자이트(인, 세륨, 란탄광)에는 비교적 많은 세륨과 란탄이 함유되어 있다. 사람들은 모나자이트에서 세륨, 란탄의 혼합 금속을 추출하여 철 및 소량의 주석, 마그네슘, 알루미늄 등과 합금하여 라이터 돌을 만든다.

세륨, 란탄의 합금은 라이터돌에 쓸 뿐만 아니라 대포에도 쓴다. 사람들은 세륨, 란탄의 합금을 포탄에 넣는다. 그러면 포탄이 발사된 후 공기와 마찰하면서 빛을 내기 때문에 밤에 포탄의 궤적을 똑똑히 관찰할 수 있다.

란탄은 스웨덴의 화학자 모산데르(Carl Gustar Mosander, 1797~1858)가 1839년에 발견하였다. 순수한 란탄은 은백색이고 주석보다 조금 딱딱하다. 란탄은 두드려 박막을 만들 수 있고, 늘여서 줄을 만들 수도 있다. 란탄은 공기 중에서 아주 빨리 산화하기 때문에 그 표면에 담청색의 외투 - 산화막을 한 층 씌운다. 세륨은 독일의 화학자 클라프로트(Martin Heinrich Klaproth, 1743~1817)와 스웨덴의 화학자 베르셀리우스(Jns Jacob Berzelius, 1779~1848)가 1803년에 각각 발견하였다. 순수한 세륨은 주석과 아주 비슷하여 겉모습이 회색을 띠고 주석처럼 연하다.

모산데르

클라프로트

왜 컬러 사진은 시간이 오래되면 퇴색하거나 변색하는가

 컬러 사진은 보관을 잘못 하면 늘 변색하거나 퇴색한다. 어째서 이렇게 되는가?

원래 컬러 사진의 각종 채색 염료는 대부분이 구조가 복잡한 유기물 분자이다. 이런 것들은 보통 안료보다 안전하지 못하다. 우선 사진의 채색 염료는 강한 햇빛을 받아내지 못한다. 그것은 컬러 사진의 일부 염료 분자는 햇빛 중의 자외선 작용으로 분해되기 때문에 색깔이 옅어진다. 또한 사진을 습하고 무더운 환경에 보관하면 부분 염료가 물과 작용하여 가수 분해 반응을 한다. 그 결과 일부분의 염료는 사진을 현상하기 전의 상태로 분해된다. 분해되어 나온 착색제는 또 공기 중의 산소에 의해 산화되면서 사진을 퇴색시킨다. 이 밖에 강한 산화성이 있는 현상 시약도 사진의 퇴색을 촉진시킨다.

어떤 컬러 사진은 퇴색하는 외에 또 부분적으로 변색한다. 예를 들면 사진에서 본래 녹색이던 나뭇잎이 시간이 오래 되면 서서히 검은색이나 청색으로 변한다. 이런 색깔의 변화를 편색이라고 한다. 편색은 어떻게 일어나는가? 컬러 사진의 염료는 세 가지 색깔의 염료로 조성되었다. 이런 세 가지 염료는 같은 빛쪼임이나 같은 현상 시약의 작용하에서 그 퇴색 정도가 다르다. 어떤 것은 쉽게 퇴색하고 어떤 것은 비교적 안정적이다. 이리하여 한 장의 컬러 사진에서 한 가지 색깔은 옅어지고 다른 한 가지 색깔은 변화가 미약해서 어떤 색깔이 변화하는 편색 현상이 나타나게 된다.

그러므로 컬러 사진을 보관할 때에는 강한 햇빛을 직접 쪼이지 말고 사진을 유리판 밑에 너무 오래 깔아두지 말고 또 덥고 습한 곳에 두지 말아야 한다. 컬러 사진은 사진첩에 끼워 건조하고 서늘한 곳에 두는 것이 가장 좋다.

거울의 뒷면은 은인가 수은인가

유리 거울을 보면 자기를 똑똑히 볼 수 있다. 거울은 온통 은빛으로 반짝인다. 그럼 거울의 뒷면에는 무엇을 도금하였는가? 어떤 사람은 수은을 도금했다고 하고, 어떤 사람은 은을 도금했다고 한다. 어느 말이 맞는가?

처음 유리 거울을 만들 때 먼저 유리에다 주석박을 단단히 붙인 다음 그 위에 수은을 부어 놓는다. 수은이 주석박을 용해시키기 때문에 은백색 액체인 주석 아말감(amalgam)으로 변한다. 주석 아말감이 유리에 딱 붙어서 거울이 된다.

이렇게 거울을 만들면 몹시 어렵기 때문에 한 달이나 걸렸다. 게다가 수은은 독이 있고, 또 이렇게 만든 거울면은 그리 밝지 못했다.

지금 쓰고 있는 유리 거울은 유리에 은을 도금한 것이다. 은은 은거울 반응이란 특수한 반응으로 유리에 도금된다. 흥미가 있다면 한 번 시험해 볼 수 있다. 깨끗한 시험관에 2%의 질산은 용액을 2 $m\ell$ 넣고 다시 5%의 암모니아수를 처음 생긴 백색 침전이 완전히 용해될 때까지 천천히 떨어뜨린다. 그 다음 10%의 포도당 용액을 2 ㎖ 넣는다. 골고루 혼합한 후 시험관을 60 ~ 80℃의 물에 넣어 가열한다. 얼마 후 유리관 안벽에 반짝거리는 은층이 나타난다. 이러면 은거울이 만들어진다.

사슬 모양 포도당은 환원성이 있는 물질이다. 사슬 모양 포도당은 질산은 중의 은이온을 금속으로 환원시켜 유리 내벽에 달라붙는다. 은이온을 포도당으로 환원시키는 외에 공장에서는 또 포름알데히드(포르말린), 염화제일석으로 환원시킨다. 거울을 오래 쓸 수 있게 하기 위해 보통 은도금을 한 후 그 위에 붉은색의 보호칠을 바른다. 이러면 은도금층이 잘 벗겨지지 않는다.

어떤 사람들은 〈거울의 뒷면에 수은을 도금하였기 때문에 손에 묻으면 중독된다〉고 한다. 이것은 틀린 말이다. 벌써 300여 년 전부터 사람들은 은거울 반응을 이용하여 거울을 만들었던 것이다. 지금 쓰고 있는 거울은 거의 모두 은을 도금한 것이다. 수은을 도금한 거울은 박물관에나 가야 볼 수 있다. 최근에는 또 알루미늄 거울이라는 새로운 유리 거울이 나왔다. 이 거울은 유리에 아주 얇은 알루미늄을 〈도금〉하여 만든 것이다.

붉은색 보호막

은도금

유리

왜 〈1회용 기저귀〉는
오줌을 싸도 젖지 않는가

천으로 만든 기저귀는 오줌을 싸기만 하면 젖는다. 때문에 어머니들은 아기의 기저귀를 바꿔주느라 매우 바쁘다. 그러나 〈젖지 않는〉 1회용 기저귀는 강한 흡수성이 있기 때문에 하루에 한 번 바꾸면 될 정도이다.

〈1회용 기저귀〉는 왜 오줌을 싸도 젖지 않는가?

다 알다시피 쌀에다 물을 붓고 끓이면 밥이 된다. 밥알에는 많은 수분이 있지만 이런 물은 흘러나오지 않는다. 밀가루에 물을 넣고 이기면 밀가루 반죽이 된다. 밀가루 반죽은 손으로 아무리 눌러도 물이 짜지지 않는다. 쌀이나 밀가루와 같은 물질은 물을 보존하는 능력이 아주 강하다. 그 화학 성분은 녹말이다. 녹말은 사슬이 긴 고분자 화합물로서 분자의 긴 사슬에는 물과 친근한 많은 원자단이 연결되어 있다. 때문에 물 분자는 녹말 분자의 긴 사슬에 쉽게 흡착되어 사슬이 긴 분자 사이에 끼운다.

사실 인공적으로 합성한 많은 고분자 화합물은 모두 친수성이 있다. 예를 들면 폴리비닐알코올, 폴리옥시에틸렌 등이다. 만일 이런 재료를 연한 천에 바른다면 〈젖지 않는〉 기저귀로 만들 수 있다. 예를 들면 어떤 〈1회용 기저귀〉에는 녹말 - 폴리옥시에틸렌이라는 물 흡수 물질을 썼다. 녹말과 폴리옥시에틸렌이 이어지면 분자가 더 길어진다. 이론적으로 볼 때 이런 재료는 물의 자체 무게의 460배까지 흡수하고 생리 식염수는 자체 무게의 70배까지 흡수한다. 다시 말해 〈1회용 기저귀〉에 이런 재료 50 g을 붙이면 물을 23 kg까지 흡수하거나 생리 식염수를 3.5 kg까지 흡수할 수 있다. 〈1회용 기저귀〉의 다른 장점은 약한 압력을 받는 경우에도 흡수한 물이 흘러나오지 않는다는 것이다. 물론 이것은 실험실에서 측정한 이론 수치에 불과하다. 실제 생활에서는 1 kg 정도의 오줌만 흡수하면 충분하다. 이 때 〈1회용 기저귀〉의 흡수 물질의 부피가 크게 변하지 않는다.

물 흡수 물질로는 〈1회용 기저귀〉를 만드는 것 외에 또 생리대, 행주, 습기 제거제 등 많은 제품을 만들 수 있다.

천기저귀

1회용
기저귀

옷에 묻은 기름, 먹, 잉크 얼룩을 어떻게 지울 것인가

 일상 생활을 하는 동안 옷에 기름, 먹물, 잉크가 묻는 경우가 흔히 발생한다. 옷에 묻은 이런 얼룩을 지우는 방법이 없는가?

휘발유는 유지류의 물질을 잘 용해시킨다. 만일 밥을 먹을 때 고기 국물이 옷에 묻거나 자전거를 수리할 때 기계 기름이 옷에 묻는다면 휘발유로 지울 수 있다. 기름 얼룩에 휘발유를 묻히고 비비면 유지가 휘발유에 용해되기 때문에 기름 얼룩을 지울 수 있다.

사염화탄소, 아세트산에틸 등 많은 유기 화학 용매도 유지를 잘 용해한다. 그러나 휘발유처럼 쉽게 얻을 수 없다.

먹물은 그을음으로 만든다. 그을음의 화학 성분은 탄소이다. 모든 화학책을 뒤져 보아도 탄소를 용해시키는 용매를 찾을 수 없다. 그러므로 어떤 용매로 옷에 묻은 먹물 얼룩을 지우려 하는 것은 불가능한 일이다. 그래서 다른 방법을 찾아본다. 옷에 먹물이 묻으면 곧바로 옷을 벗어 물에 담그고 밥알에 중성세제를 섞은 후 얼룩 부위에 묻혀가면서 비벼서 씻으면 먹물 얼룩이 지워진다. 그러나 묻은 지 오래된 먹물 얼룩은 잘 지워지지 않는다.

옷에 묻은 잉크 얼룩은 먹물 얼룩보다 지우기 쉽다. 그것은 여러 가지 화학 약품으로 잉크를 표백할 수 있기 때문이다. 우선 파란색 잉크의 경우를 살펴보자. 파란 잉크의 주요 성분은 탄닌산제일철이다. 탄닌산제일철은 공기 중에서 산화되어 탄닌산철을 생성한다. 탄닌산제일철은 물에 용해되지만 탄닌산철은 물에 용해되지 않는다. 그러므로 옷에 파란 잉크가 묻었을 때 금방 물로 씻으면 지워진다. 그러나 오래 놓아 두면 잉크가 모두 탄닌산철로 변하기 쉽기 때문에 지우기 힘들다. 그러나 한 가지 화학 환원제로 탄닌산철을 탄닌산제일철로 환원시킬 수 있다. 예를 들면 옥살산(수산) 용액은 잉크 얼룩을 지울 수 있다. 옥살산은 백색 고체로서 중요한 공업 원료이다. 거의 모든 실험실이나 화공약품상에는 옥살산이 있다.

잉크 얼룩은 응급조치로 물파스로 두드리면 희석된 얼룩이 물파스의 알코올 성분과 함께 휘발되어 곧 깨끗해진다. 또한 어떤 것에 의한 얼룩인지 잘 모를 경우에는 〈벤젠 →알코올→물→세제액→암모니아 수→식초→수산표백제〉의 순서로 처리하는 것이 좋다.

왜 옷을 드라이 클리닝하는가

더러워진 대부분 옷은 물로 세탁하지만 모직, 비단으로 만든 옷은 물에 세탁하면 구김이 가고 광택이 없어진다. 어떻게 해야 할까?

100여 년 전 프랑스 파리의 한 작은 유지 공장에서 기름때가 잔뜩 묻은 작업복을 입은 근로자가 일을 하다가 부주의로 작업복에 등유를 쏟아 작업복이 흠뻑 젖었는데, 그 근로자는 작업복을 벗을 겨를이 없었다. 일을 끝내고 작업복을 벗어 보니 기름때가 없어진 것을 보고, 그는 작업복에 묻은 기름때가 등유에 씻긴다는 사실을 알게 되었다.

등유는 화학 용매의 하나이다. 등유는 기름때를 용해시킬 수 있다. 화학 용매로 옷에 묻은 기름때를 용해시켜 제거하는 방법을 드라이 클리닝이라고 한다. 등유는 옷에 묻은 기름때를 용해시킬 수 있지만 등유로 옷을 씻으면 옷이 굳어지고 냄새가 나고 또 플라스틱이나 유기 유리로 된 단추를 변색시키고 광택을 잃게 하고 심지어는 용해시켜 버린다. 등유는 이런 결함이 있기 때문에 옷을 세탁하는 세척제로 쓰지 못한다.

과학자들은 용매 가운데에서 사염화탄소(테트라클로르에틸렌)와 트리클로로에틸렌(트리클렌)이 아주 좋은 세척제란 것을 발견하였다. 사염화탄소로 옷을 세탁하면 깨끗하고 냄새도 나지 않는다. 그리고 옷이 유연해지고 광택을 유지하고, 변형되거나 퇴색되지 않는다. 이런 용매들은 이미 세계적으로 공인하는 드라이 클리닝용 세탁제로 되었다.

드라이 클리닝은 건식 세탁기에서 세탁한다. 건식 세탁기는 기계식과 분무식 두 가지가 있다.

드라이 클리닝을 한 옷은 세척제를 깨끗이 제거한 후 더운 공기로 말리면 옷은 원래의 상태를 회복한다. 드라이 클리닝을 하면 세척뿐 아니라 살균·소독도 되기 때문에 물에 세탁하는 것보다 더 좋다.

때가 함유된 세척제는 규조토와 활성탄 등 흡착제로 여과하면 깨끗한 세척제로 다시 되돌릴 수 있기 때문에 반복적으로 사용할 수 있다.

건식세척제

왜 어떤 옷은 물에 줄어드는가

옷이 물에 줄어드는 현상은 골치 아픈 일이다. 예를 들면 물에 줄어드는 비율이 큰 천으로 만든 옷은 물에 씻으면 옷이 작아져 입을 수 없게 된다.

옷이 물에 줄어드는 원인은 여러 가지인데, 그것은 직물 섬유의 구조와 성질에 있다. 예를 들면 양털 직물은 물에 쉽게 줄어들고, 원래대로 회복되기도 어렵다. 그것은 양털 섬유가 상대적인 운동을 할 때 정방향과 역방향의 마찰 계수가 다르기 때문이다. 그러므로 양털 직물은 드라이 클리닝을 해야 한다. 만일 물로 세척한다면 양털 직물 전용 세척제를 써야 한다.

면섬유와 인조 면섬유의 물에 줄어드는 성질은 섬유의 친수성에 관계된다. 이런 섬유는 분자의 배열이 넓고 분자 사이의 공극이 크므로 물 분자가 쉽게 뚫고 들어간다. 그러므로 이런 섬유를 물에 담그면 섬유의 방향과 수직되는 방향으로 팽창한다. 즉 섬유가 굵어지면서 그

길이가 줄어든다. 이런 직물을 물에 씻으면 뻣뻣해지고 말리면 뚜렷하게 줄어든다. 이것은 면섬유와 인조 면섬유는 물에 줄어드는 비율이 화학 섬유보다 크기 때문이다.

옷이 물에 줄어드는 다른 한 가지 원인은 직물의 생산 과정에 있다. 직물은 방사, 직포, 날염 등 생산 과정에 그 섬유와 실이 일련의 기계적인 당김과 눌림을 받아 변형하게 된다. 이런 변형은 건조한 상태에서는 좀 안정되지만, 물에 젖기만 하면 변형된 부분이 원래 상태를 회복한다. 그리하여 직물이 물에 줄어드는 현상이 생긴다.

직물은 그 섬유의 종류에 따라 물에 줄어드는 정도가 다르다. 일반적으로 인조 섬유가 물에 제일 많이 줄어든다. 예를 들면 비스코스 섬유(인조섬유)는 물에 줄어드는 비율이 10%에 달하고, 면직물과 마직물은 보통 3 ~ 5%이고, 테릴렌 직물은 0.5 ~ 1%이다. 이로부터 합성 섬유는 친수성 섬유보다 물에 훨씬 적게 줄어든다는 것을 알 수 있다.

왜 합성 섬유 직물에서는
보풀이 이는가

많고 많은 방직품 가운데에서 합성 섬유 방직품 및 합성 섬유가 함유된 혼방직물이 점점 더 사람들의 관심을 끌고 있다. 합성 섬유는 장점이 많다. 예를 들면 질기고 잘 퇴색하지 않고 물에 아주 적게 줄어들고 구김이 잘 가지 않는 등이다. 그런데 일부 합성 섬유로 짠 옷을 입으면 보풀이 잘 인다. 이것은 무엇 때문인가?

합성 섬유는 화학 원료를 인공적으로 가공한 것이다. 인공적으로 만든 이런 실모양의 섬유는 표면이 아주 곧고 매끈매끈하고 단면이 원형이다. 이런 섬유로 뽑은 실은 섬유 사이에 결속력이 약하다. 이런 실로 짠 직물은 사용 과정에서 반복되는 세척과 마찰로 인해 섬유들이 구부러지고 늘어난다. 그리하여 섬유 사이에서 상대적인 미끄럼 운동을 하여 위치가 이동되면서 섬유 끝이 직물 표면으로 나오게 된다. 이러면 직물 표면에서 보풀이 인다.

직물에서 보풀이 이는 현상을 방지하기 위해 방직품을 짤 때 특수

나일론실의 단면

폴리에스테르실의 단면

비단실의 단면

한 가공 처리를 한다. 예를 들면 수지 정리와 가열 정형 처리 등의 방법으로 섬유를 상대적으로 미끄러지지 못하게 고정시킨다. 이렇게 처리한 직물은 보풀이 잘 일지 않거나 전혀 일지 않는다.

왜 합성 섬유 직물에서는 정전기가 잘 일어나는가

건조한 계절에 테릴렌으로 짠 속옷을 벗을 때면 늘 〈찌륵찌륵〉 소리가 난다. 만일 이런 옷을 어두운 곳에서 벗는다면 작은 불꽃이 이는 것을 볼 수 있다. 이것은 무슨 원인인가?

원래 합성 섬유는 좋은 절연체로써 흡습성이 아주 약하다. 합성 섬유로 된 옷을 입으면 옷은 몸을 따라 운동하면서 마찰하게 된다. 마찰에 의해 일부 물질은 양전하를 띠고, 다른 일부 물질은 음전하를 띠게 된다. 이렇게 만들어진 전하는 화학 섬유옷에서 흐를 수 없기 때문에 정전기를 형성한다. 정전기가 일정한 정도로 축적되면 방전한다. 그러면 전기 불꽃이 일고 소리가 난다. 이런 방전 현상은 우리 생활에서 흔히 볼 수 있다. 예를 들면 플라스틱 빗으로 마른 머리를 빗을 때에는 〈찌륵찌륵〉 소리가 나는데, 이것도 마찰에 의한 정전기의 방전 현상이다.

테릴렌 등 합성 섬유 직물이 방전할 때 그 전압은 몇 만 볼트에 달한다. 이렇게 높은 전압은 인체에 해롭지 않은가? 그렇지 않다. 그것은 그 전기량이 아주 작기 때문이다. 일반적으로 매 평방미터의 직물에 있는 전하량은 몇 십 마이크로쿨롬밖에 안 되기 때문에 인체는 그 방전을 느끼지 못한다. 의료 전문가들의 연구에 의하면 이런 정전기 방전 현상은 풍습성 관절염과 신경통 등 질병을 치료하는 데 도움이 된다고 한다.

순수한 면직물은 왜 이런 방전 현상이 없는가? 그것은 면직물이 흡습성이 좋고 절연성이 나쁘기 때문에 양전하나 음전하가 축적되지 못하기 때문이다. 정전기가 형성되지 못하면 방전 현상이 일어나지 못하는 것은 당연하다. 마찬가지로 습한 기후에서는 합성 섬유옷이나 머리카락이 전기 전도성이 있기 때문에 옷을 벗거나 머리를 빗어도 방전 현상이 생기지 않는다.

왜 서로 다른 잉크는
섞지 말아야 하는가

 두 가지 서로 다른 잉크를 섞어 놓으면 종종 침전물이 생기거나 잉크가 퇴색되는 경우가 있다.

우리가 보통 쓰는 잉크는 모두 탄닌산, 황산제일철, 남색 유기 염료 등으로 만들어진 묽은 콜로이드 용액이다. 이런 콜로이드 용액에는 전하를 띤 작은 과립들이 많이 들어 있다. 한 가지 잉크 속에 들어 있는 콜로이드 과립들이 띠고 있는 전하는 서로 같은데 같은 전하는 서로 배척하기 때문에 침전물이 생기지 않는다.

그러나 서로 다른 두 가지 잉크를 섞었을 때 콜로이드 과립들이 띠고 있는 전하가 다른 경우 서로 결합하여 침전물을 생성할 수 있다. 예를 들면 산성 염료로 만든 잉크와 알칼리성 염료로 만든 잉크를 섞어 놓으면

대량의 침전물이 생기는 동시에 잉크가 퇴색될 수 있다.

자기가 쓰던 만년필에 다른 잉크를 넣어야 할 때에는 꼭 깨끗한 물로 원래의 잉크를 잘 씻어 낸 후 넣어야 한다. 그렇지 않으면 색깔이 변하는 것은 물론 만년필 안에 침전물이 생기면서 글자가 잘 써지지 않게 된다.

왜 먹으로 쓴 글자는
잘 퇴색하지 않는가

일상 생활 속에서 솥 밑에 붙은 그을음을 흔히 볼 수 있는데 그을음도 쓸모가 있는 것이다. 그을음의 화학 성분은 탄소이다. 그을음은 어디에 쓰는가? 사실 세계적으로 적지 않은 공장들에서는 전문적으로 탄소를 함유한 화합물로 그을음을 생산하고 있다. 우리가 흔히 볼 수 있는 먹이 바로 그을음으로 만든 것이다. 먹은 극히 보드라운 그을음, 콜로이드, 물 등을 균일하게 혼합하여 만든다. 우리가 먹으로 붓글씨를 쓴 후 조금 지나면 글씨 속의 수분이 증발되고 콜로이드 물질이 그을음을 종이에 단단히 붙여 놓는 것을 볼 수 있다. 탄소는 화학적인 성질이 극히 안정하기 때문에 지금까지 탄소를 표백할 수 있는 표백 물질을 만들어 내지 못하였다.

때문에 먹으로 쓴 글자나 그림은 퇴색하지 않을 뿐만 아니라 지워지지도 않는다. 지금까지 내려온 옛날 서적을 보아도 종이는 누렇게 퇴색하였지만 먹으로 그린 그림이나 글자는 또렷이 남아 있다.

지금은 먹을 생산할 때 소량의 향료를 넣어 먹을 갈 때마다 은은한 향내가 나도록 만들고 있다.

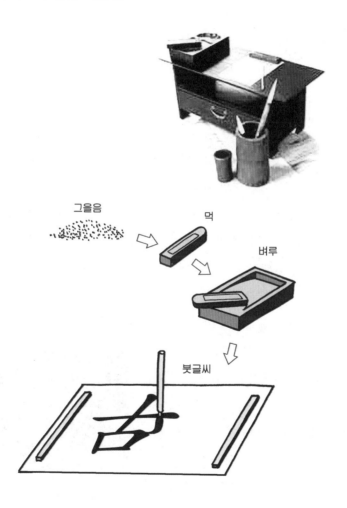

왜 붉은 인주는 퇴색하지 않는가

일부 고대 그림이나 서적들을 보면 어떤 것들은 제대로 보관하지 못한 까닭에 종이가 퇴색하였거나 못 쓰게 되었지만 그림에 찍어 놓은 작가의 낙관만은 그대로 진붉은색을 유지하고 있는 것을 볼 수 있다. 질이 좋은 붉은 인주는 종이에 찍어 놓거나 통에 넣어 두면 몇 십 년 심지어 몇 백 년이 지나도 퇴색하지 않는다.

그럼 붉은 인주는 왜 퇴색하지 않는가?

붉은 인주는 붉은색 주사(朱砂, 辰砂)와 식물성 기름을 균일하게 혼합한 후 섬유에 섞어 만든다.

주사는 황화수은으로 일종의 붉은 색 광물이다. 중국은 세계적으로 제일 먼저 주사를 연구하고 사용한 나라이다. 옛날에는 주사를 〈단〉이라고 불렀는데, 기원전 2500년경에 벌

주사

써 중국에서는 단을 가공 생산하였다.

인주가 그렇게 진붉은 원인은 바로 주사 때문이다. 그림 색깔이 쉽게 퇴색하는 원인은 염료 분자가 공기 속의 산소와 결합하여 산화물을 생성하기 때문이다. 그런데 황화수은은 산소와 쉽게 반응하지 않고 원래의 모습을 유지하기 때문에 인주는 오래도록 진붉은 색깔을 띠게 된다.

주사는 또 수은의 모체이다. 은빛 나는 수은은 대부분 황화수은으로부터 제련해 낸다.

고대 중국의 진주(秦州, 지금의 호남 진계 일대)는 유명한 주사 생산지였기에 주사를 진사라고도 불렀다.

지금은 인주를 생산할 때 대부분 유기 염료로 주사를 대체하는데 비록 그 영구성이 주사보다는 못하지만 색깔은 천연 주사 인주보다 훨씬 더 곱다.

인주는 지금도 중국 전통 제품의 품질이 가장 우수한 것으로 알려져 있다.

도장은 아주 선명하다

오래된 글씨 두루말이는
종이가 많이 손상되었다

어떻게 축전지는
전기를 저장할 수 있는가

어떤 전지는 반복적으로 충전하고 방전할 수 있는데, 이런 전지를 축전지 또는 2차 전지라고 한다. 그러나 축전지가 전기를 직접 저장하는 것이 아니다. 그것은 전기가 전자의 흐름이고 또 대량의 전자를 보통 물건처럼 창고에 저장할 수 없기 때문이다. 축전지는 외부의 전기 에너지를 내부의 화학 반응을 통해 화학 에너지로 전환시켰다가 사용할 때(방전할 때) 다시 화학 반응을 통해 화학 에너지를 전기 에너지로 전환시킨다. 이런 가역변화(可逆變化)는 반복적으로 진행될 수 있다.

축전지는 그 종류가 아주 많다. 흔히 볼 수 있는 축전지는 납축전지이다. 납축전지는 양극과 음극 두 개 극이 있다. 축전지의 양극은 위에 한 층의 이산화납이 있기 때문에 진한 갈색을 띠고, 음극은 해면 모양의 납으로 만들어졌다. 두 극은 모두 농도가 일정한 황산용액에 잠겨 있는데, 그 사이는 미세 구멍이 있는 플라스틱이거나 고무로 분리되어 있다.

충전할 때 축전지는 다음과 같은 변화가 일어난다. 양극에서는 이산화납이 생성되고, 음극에서는 해면 모양의 납이 생성된다. 충전할 때 용액 속의 황산 농도가 증가되기 때문에 황산 용액의 밀도가 커진다. 만일 황산의 밀도가 1.28g/㎤에 도달하면 더 충전되지 않는다.

자동차를 시동할 때나 조명을 할 때 전지는 방전한다. 이때 축전지는 충전할 때와 반대되는 변화를 한다. 양극의 이산화납은 황산납으로 변하고, 음극의 해면 모양의 납도 황산납으로 변한다. 이때 용액 중의 황산 농도가 작아져 황산 용액의 밀도가 작아진다. 만일 황산 밀도가 1.18g/㎤ 이하가 되면 더 이상 방전되지 않는다.

축전지를 사용할 때 다음과 같은 점을 꼭 주의해야 한다. 축전지를 과충전하지 말고(전압이 2.6V를 초과하지 말 것), 또 과방전하지 말아야 한다(전압이 1.8V보다 낮지 않게 해야 한다). 그렇지 않으면 축전지가 파손된다.

1980년대 이후에는 각종 신형의 축전지들이 나타났다. 어떤 것은 완전 밀폐식으로 되어 있어 검사 수리할 필요가 없고, 황산 용액이 새지 않고 안전하고 사용이 편리하다. 그 외 알칼리성 축전지가 많이 쓰이고, 최근에는 휴대폰과 노트북 등의 대중적 보급에 따라 리튬이온전지, 리튬폴리머전지, 수소전지 등이 많이 사용되고 있다.

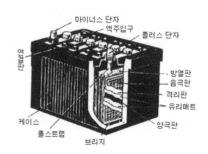

전지의 사용 수명은
얼마나 긴가

무게가 같은 두 가지 전지는 그것들의 용량 및 사용 수명에 흔히 큰 차이가 있다. 보통 건전지는 용량도 크지 않고 사용 수명도 아주 짧다. 건전지를 사서, 쓰지 않고 두어도 최고로 1 ~ 2년밖에 가지 못한다. 건전지는 자체로 방전하는 현상이 있기 때문에 서서히 누전되어 못 쓰게 된다.

그런데 어떤 경우에는 수명이 긴 전지가 필요하다. 예를 들면 심장 박동기는 사람들의 몸에 이식해 넣기 때문에 박동기에 쓰이는 전지는 그 성능이 특수하다. 박동기에 쓰이는 전지는 끊임없이 동작해야 하고 또 안정되고 새지 말고 부피가 작고 가볍고 독이 없어야 한다. 물론 사용 수명도 길어야 한다. 만일 전지의 수명이 2년밖에 안 된다면 2년에 한 번

심장 박동기

씩 수술을 받아야 하므로 생명의 위협과 정신적 압박을 받게 된다. 여러 해 동안 연구를 거쳐 사람들은 성능이 높은 리튬전지에 눈을 돌렸다.

리튬전지는 왜 수명이 특히 긴가? 원래 리튬전지는 아주 높은 비에너지를 가지고 있다. 비에너지란 일정한 중량의 전지가 수출할 수 있는 전기 총량의 크기를 가리킨다. 리튬은 원자량이 제일 가벼운 금속 중의 한 가지이다. 그 원자량은 은의 1/31 또는 납의 1/30이다. 리튬 원자와 은 원자는 전기 화학 반응에서 모두 전자 1개를 잃는다. 때문에 같은 전기량을 생산할 때 은의 소모량은 리튬의 15.5배이다. 리튬 원자는 전자를 잃는 능력이 아주 강하다. 박막 기술을 도입한 후부터 리튬전지의 내부 저항이 크게 낮아졌기 때문에 리튬전지는 더 오래 쓸 수 있게 되었다.

보통 건전지는 1차 전지이다. 1차 전지란 충전할 수 없고, 반복해서 사용할 수 없는 전지이다. 전지의 수명을 연장하기 위해 사람들은 2차 전지를 발명하였다. 2차 전지(축전지)란 반복적으로 충전하여 사용할 수 있는 전지이다. 납축전지가 바로 널리 쓰이고 있는 2차 전지이다. 그것의 충전 방전 순환 횟수는 300 ~ 500회차에 달한다. 납축전지는 일명 자동차 전지라고도 한다.

최근에 와서는 성능이 높고 수명이 더 긴 신형의 2차 전지들이 끊임없이 개발되고 있다. 예를 들면 우리들이 생활에서 흔히 쓰고 있는 니켈 - 카드뮴 전지 같은 것이다. 니켈 - 카드뮴 전지의 주요 장점은 충전 방전 횟수가 2000 ~ 4000회차로서 사용 기간이 15년 정도나 된다. 바로 이런 장점으로 인해 소형 밀폐식 니켈 - 카드뮴 전지는 이미 각종 휴대식 전자 설비에 널리 쓰이고 있다. 오늘날 니켈 - 카드뮴 전지는 또 태양 에너지 전지와 같이 통신 위성의 전원으로 쓰이고 있다.

최근에는 2차 전지의 사용 수명 또한 크게 연장되었다. 그럼 이보다 수명이 더 길고 심지어는 영원히 쓸 수 있는 전지는 없는가?

과학자들은 새로운 생물 전기 화학 원리와 기술을 이용하여 여러 가지 생물 전극을 선택했다. 예를 들면 효소 전극, 세균 전극 등으로 생물 장수 전지를 만들고 있다. 이런 연구는 이미 초보적인 성과를 거두었다. 이런 장수 전지의 원리는 생물의 방전 현상에서 왔다. 세포 자체가 소형의 연료 전지이다. 세포막 주위에서 발생하는 화학 반응은 전위차를 생성한다. 세포막 내부 액체에는 포도당을 음극으로 하는 연료가 있고, 세포막 외부의 액체에는 산소를 양극으로 하는 화학 물질이 있다. 다시 거대분자 단백질로 이 두 극을 이어 놓았다. 때문에 포도당 등의 영양 물질만 공급하면 생물 전류가 끊임없이 생긴다.

이 밖에 태양 에너지 전지는 전지 자체가 물질을 소모하지 않고 햇빛 에너지만 있으면 전류를 끊임없이 생성할 수 있으므로 오랫동안 사용할 수 있다.

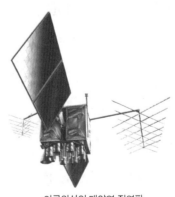

인공위성의 태양열 집열판

제3장 건강한 생활을 위한 화학 상식 이야기

왜 음이온은 몸에 이로운가

　　사람들은 일찍이 공기가 전하를 띠는 현상을 알게 되었으며, 그 후에는 또 공기 중의 음이온이 인류의 건강과 밀접한 관계가 있다는 것을 발견하였다. 현대 과학 실험이 증명한 바에 따르면 음이온이 인체에 흡수되면 대뇌 중추 신경 계통 기능을 조절해 주고 심장과 폐 기능을 증강시켜 혈액 순환을 촉진시켜 주고 유기체의 면역력을 높여 준다고 한다. 사람이 음이온 농도가 높은 환경에 있으면 공기가 상쾌하고 마음이 가뿐해지며 기력이 충만되는 느낌을 가지게 된다. 의학 임상 실험에 의하면 음이온 농도가 높은 공기는 기관지염, 천식, 두통, 불면, 신경 쇠약 등 여러 가지 질병에 일정한 치료 효과가 있다고 한다. 때문에 어떤 사람들은 음이온을 〈공기 비타민〉이라고도 한다.

　　그럼 공기 속의 음이온은 왜 몸에 이로운 작용을 하게 되는가? 의학 전문가들의 견해에 따르면 인체 세포를 공격하는 바이러스들은 대부분 음전하를 띠고 있다. 그런데 만약 인체 세포도 음전하를 띠게 되면 같은 종류의 전하가 서로 배척하기 때문에 바이러스가 사람의 세포를 더 이상 공격하지 못하게 된다. 그 밖에 음이온은 호흡기 계통을 통해 폐에 들어간 후 폐표피층을 뚫고 들어가 혈액 순환을 통해 전신에 분포되면서 인체 각 기관을 직접 자극하며 체액과 상호 작용하여 체내에서 종합적인 생리 작용을 일으킨다.

대자연 가운데에서 삼림, 바닷가나 폭포 주위의 음이온 농도가 제일 높은데, 도시 공원의 음이온 농도보다 20 ~ 50배나 더 높다. 반면에 공장 부근이나 집안, 사무실 안의 음이온 농도는 도시 공원공기 속의 음이온 농도의 1/10 정도밖에 되지 않는다. 공기 조절기나 컴퓨터를 쓰는 방안의 음이온 농도는 더욱 낮다. 사람들이 이런 환경에서 장기간 생활하면 마음이 불안해지고 건강에 해롭게 된다.

특이한 것은 인공 분수나 인공 폭포도 음이온을 생성할 수 있다는 것이다. 일부 호텔이나 도시 공원에 분수 시설을 해놓으면 보기도 좋겠지만 공기 속의 음이온 농도도 높일 수 있어 일거 양득이다. 때문에 사무실에서 생활하는 사람들은 잠깐 동안이라도 밖에 나가 산책하면서 시원한 공기를 마시면 정신 상태도 좋아지고 건강에도 이롭다.

왜 유산소 운동은 환영을 받는가

신체를 단련하는 운동이 여러 가지 있지만 유산소 운동은 특별한 환영을 받아 세계적으로 유행하고 있다. 그럼 산소가 공급되는 운동에서 〈산소가 있다〉는 것은 무슨 의미인가?

사람의 생명 활동은 에너지를 요구한다. 인체의 에너지는 체내의 탄수화물, 지방, 단백질에서 온다. 이런 영양 물질은 인체의 〈연료〉와 같다. 이런 영양 물질은 체내에서 여러 가지 복잡한 생물 화학적 과정을 거쳐 에너지를 생성한다. 연료가 연소하는 데 산소를 요구하듯이 인체에서 영양 물질이 에너지를 방출하자면 역시 산소가 요구된다. 사람들은 정해진 시간에 밥을 먹지만 산소는 한 시도 끊이지 않고 흡입해야 한다. 공부를 하거나 천천히 달리거나 가벼운 육체 노동을 하는 것과 같은 일반적인 경우에는 산소 공급이 충분하다. 이 때 인체 내에서 포도당과 같은 영양 물질은 유산소 대사를 한다. 포도당 1g은 약 16kJ의 에너지를 만들어내는 동시에 이산화탄소와 물을 생성한다. 마찬가지로 유산소운동을 할 때 인체 내에서 에너지 소모가 좀 많기는 해도 계속 유산소 대사를 유지한다.

격렬한 운동을 할 때 인체가 요구하는 에너지는 크게 증가된다. 이 때 산소 공급이 부족하기 때문에 무산소 대사를 한다. 무산소 대사는 인체의 한 가지 생리 과정으로서 에너지의 생성을 촉진하면서 짧은 폭발력(예를 들면 100m 달리기)을 형성한다. 이런 무산소 단련을 꾸준히 하면 인체의 잠재력을 발굴하여 운동능력을 높일 수 있다. 그러나 무산소 대사는 〈연료〉의 이용률을 낮추는 것을 대가로 한다. 이 때 포도당 1g은 약 1.5kJ도 안 되는 에너지를 생성하고 또 젖산을 생성한다. 격렬한 운동을 한 후 근육이 욱신욱신 쑤시고 아픈 것은 근육 속에 젖산이 축적되었기 때문이다.

이제 우리는 〈유산소〉 운동의 뜻을 알 수 있다. 이것은 신체 단련에 아주 이로운 운동이다. 이런 단련을 하면 심장, 폐의 기능과 근육의 힘을 점차적으로 증가시킬 수 있을 뿐만 아니라 영양 물질이 유산소 대사를 할 수 있어 인체 내에서의 〈연료〉의 낭비를 피할 수 있다. 만일 유산소 운동을 한 후 근육이 욱신욱신 쑤시고 아프다면 운동량을 알맞게 낮추어 인체로 하여금 유산소 대사를 하도록 해야 한다.

어떻게 비누는
때를 씻을 수 있는가

많은 세척 용품 가운데에서 비누는 사용 시간이 제일 길고 사용 범위가 제일 넓으며 품종이 제일 많은 세척 용품이다. 우리가 일상 생활 속에서 사용하는 비누는 주로 고급 지방산나트륨염이나 칼륨염이다. 그 중 나트륨염으로 만든 비누는 경성이 강하기 때문에 일반적으로 세숫비누나 빨랫비누, 공업용 비누 등을 만드는 데 쓰이고 칼륨염으로 만든 비누는 단단하지 않기 때문에 액체 비누를 만드는 데 많이 쓰인다.

옷이나 손발이 더러워졌을 때 물에 적신 후 비누를 발라 문지르고 다시 맑은 물에 헹구면 말끔히 씻어진다. 그럼 물과 비누는 어떻게 때를 지우는가?

비누의 주성분인 고급 지방산염 분자는 소수성기와 친수성기로 이루어져 있다.

비누가 물 속에서 기름때 분자와 만나면 그 속의 친수성기는 물과 결합하고 소수성기는 기름 분자와 결합한다. 이런 과정으로 인해 물의 표면 장력이 작아지는데 이것이 바로 비누의 계면 활성 능력이다. 동시에 고급 지방산염 분자는 물 속에서 몇 십 개씩 결합하여 콜로이드 물질을 생성한다. 비누의 이런 계면 활성과 콜로이드를 생성하는 성질이 비누가 강한 세척 작용을 하게 되는 이유이다. 비누는 섬유가 더 쉽게 물에 젖게 함으로써 비누 분자가 섬유 속에 들어가기 쉽게 해준다. 비누 속의 소수성기는 기름때 속에 들어가고 친수성기는 물 속에 남아 있게 되므로 원래 서로 용해되지 않던 기름과 물을 연결시키고 비빌 때 기름때를 완전히 우유처럼 변화시킨다.

그 밖에 비누 분자는 고체 오물 입자 사이에 끼어들어 입자들의 친화력을 약화시켜 물 속에 분산되게 만든다. 그리고 비누 거품은 비누 용액의 표면적을 크게 증가시켜 더 큰 수축력을 가지게 하므로써 때가 옷에서 떨어져 나가게 한다. 비누는 기름을 친유성기 내에 용해시키는 작용을 하기 때문에 기름때의 용해도를 크게 증가시켜 준다. 비누가 세척 작용을 하는 것은 바로 이 다섯 가지가 종합적으로 작용하기 때문이다.

섬유에 비누거품이 생기면서
때가 떨어져 나간다

비누는 세척 작용 외에
또 어떤 기능을 가지고 있는가

생활 수준이 점차 향상됨에 따라 사람들은 용도에 따라 서로 다른 선택과 필요성을 제기하고 있다. 때문에 시장에는 여러 가지 기능을 가지고 있는 비누가 속속 나타나고 있다.

비누의 세척 작용은 모두가 알고 있는 사실이다. 거기에 바누를 만드는 고급 지방산 속에 일부 특수한 물질을 첨가시켜 비누가 세척 작용 외에 피부 보호, 피부 영양 보충, 질병 치료와 살균 등의 기능을 가지게 하였다.

예를 들면 세숫비누에는 80% 안팎의 고급 지방산 외에 소량의 향료와 염료가 들어 있는데, 향료는 세숫비누의 향기를 더해 주고 염료는 색깔을 곱게 해준다. 그 밖에도 대다수 세숫비누에는 또 산부패를 방지하는 나트륨석 1 ~ 1.5%와 살균제 0.5 ~ 1%를 첨가하여 세척 작용 외에 냄새를 제거하고 피부를 보호하고 소독하는 등의 작용을 하게 한다.

약용 비누의 사용 범위는 세숫비누처럼 광범위하지는 않지만 그 보건, 살균 작용은 더욱 뚜렷하다. 약용 비누의 살균제는 주로 산성 물질로 그 함량이 0.5 ~ 2%나 된다. 어떤 약용 비누는 또 일부 약재를 함유하고 있어 살균, 소독 작용 외에 일정한 정도의 질병 치료 작용도 한다.

영양 비누는 비누의 보통 성분 외에 피부에 이로운 영양 물질이 들어 있어 피부를 보호하고 윤기나게 하는 작용을 한다. 주로 쓰는 영양 물질로는 꿀, 채소, 과일, 비타민 등이 있다. 영양 비누는 피부에 묻은 때를 씻어 내는 동시에 비누 속에 들어 있는 영양 물질이 피부에 흡수되면서 탄력 있는 피부를 가꾸는 데 필요한 영양 물질을 제공해 주고 피부 심층 세포의 재생을 자극하여 피부 노화를 지연시킨다.

미용비누 사용후
피부가 보송보송

왜 손에 묻은 기름때를
휘발유로 씻지 말아야 하는가

적지 않은 사람들은 기계를 수리한 후 손에 묻은 기름때를 휘발유로 씻는데, 이렇게 하면 비록 세척 효과는 좋다 하더라도 해로운 점이 더 많다.

휘발유는 기름 성분에 대한 용해력이 매우 강하기 때문에 손을 씻으면 손에 묻은 기름때를 말끔히 지우는 동시에 손 피부 표면의 피지까지 용해시킨다. 뿐만 아니라 휘발유 분자는 매우 작고 침투성이 강하기 때문에 피부를 뚫고 들어가 피부 표층 내의 지방질도 끌어낸다. 때문에 지속적으로 휘발유로 손을 씻으면 손의 피질이 손상되어 마르고 거칠어지며 심지어 갈라 터질 수도 있다. 이렇게 갈라 터진 손은 또 쉽게 세균에 감염될 수도 있다.

휘발유에는 또한 소량의 벤젠이나 톨루엔과 같은 방향족 유기 화합물이 들어 있다. 이런 것들은 모두 인체에 해로우며 피부에 자극을 준다. 때문에 자주 휘발유로 손을 씻으면 여러 가지 피부 질환을 초래할 수 있다. 그 밖에 휘발유는 휘발성이 강하기 때문에 자주 휘발유로 손을 씻으면 자기도 모르게 휘발되는 기체를 들여마시게 되어 만성 중독을 초래할 수도 있다. 휘발유에 급성 중독되면 기침이 나고 메스꺼우며 구토를 하고 머리가 아프며 시력이 희미해지는 등의 증세가 나타난다. 또한 만성 중독이 되면 기억력이 감퇴하고 사지가 무력해지며 때때로 의식이 모호해지거나 걸음걸이가 불안정한 증세가 나타난다.

그러므로 손에 기름때가 묻었을 때에는 무작정 휘발유로 씻지 말고 먼저 화장지로 잘 닦은 다음 비누나 가정용 세척제로 씻는 것이 좋다.

기름때가 깨끗이 제거된다
그러나 ~ ~ !?

왜 글리세린은
피부를 곱게 해주는가

 겨울에 사람들은 손의 피부를 보호하기 위하여 종종 글리세린(글리세롤)을 바른다.

순수한 글리세린은 백색의 결정체인데 17℃ 이상에서는 액체 상태로 융해된다. 우리가 보통 쓰는 글리세린에는 일정한 양의 수분과 잡성분이 조금 섞여 있기 때문에 쉽게 응고되지 않고 무색의 점성이 있는 액체 상태이다.

글리세린은 단맛을 가지고 있는데, 이는 분자 구조와 관계된다. 화학에서 한 개의 수소 원자와 한 개의 산소 원자가 결합된 것을 히드록시기라고 한다. 사탕에 함유된 히드록시기가 많을수록 사탕이 더 달다. 글리세린은 사탕 분자와 유사하여 한 개 분자 가운데 3개의 히드록시

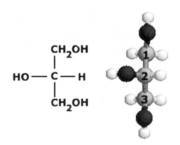

기가 들어 있으므로 단맛을 가진다.

글리세린은 수분을 보존하는 성질이기 있기 때문에 피부를 보호하고 피부가 트는 것을 방지할 수 있다. 너무 진한 농도의 글리세린은 수분을 흡수하는 성질이 강하기 때문에 만약 손에 진한 농도의 글리세린을 바른다면 글리세린이 오히려 피부의 수분을 흡수하여 손이 더 마르게 된다. 그렇기 때문에 일상용품으로 쓰이는 글리세린은 대부분 수분이 20% 정도 함유되어 있는 제품이다.

보습크림

어떻게 치약은
치아를 보호하는가

　　치약은 사람들이 매일 사용하는 위생용품으로서 그 전신은 치약 가루였다. 일찍이 2000여 년 전 고대 로마 시대에 벌써 어떤 사람들은 활석분으로 치아를 닦았다고 한다. 그런데 오늘날에 와서 치약의 성분은 매우 복잡하게 변했다.

　　치약은 여러 가지 특수한 화학 물질들로 만들어졌는데 보통 연마제, 습윤제, 계면 활성제, 점결제, 감미제, 방부제, 활성 첨가물, 색소, 향료 등등이 들어 있다. 치약은 치아의 청결을 지켜 주고 치아에 세균 반점이 생기는 것을 막아 주며 치근염과 입에서 냄새가 나는 것을 제거하는 작용도 한다. 물론 그 속에 들어가는 화학 물질은 모두 인체에 독성이 없는 것을 사용한다.

　　생활 수준이 향상됨에 따라 각종 간식도 풍부해지면서 사탕이나 과자와 같은 단 음식을 많이 먹기 때문에 충치가 생기는 사람이 많다. 또 담배를 많이 피우거나 진한 차를 자주 마시는 사람들은 치아에 보기

싫은 반점 같은 것이 생길 수 있다. 또 어떤 사람들은 질병으로 잇몸이 곪거나 잇몸에서 피가 나거나 입에서 냄새가 나는 등의 증세도 있는 데, 이럴수록 자주 칫솔질을 하는 습관을 키워야 한다. 그러면 어느 정도 치아 질병을 예방할 수 있다.

그러면 어떻게 치약은 치아를 보호할 수 있는가? 치약 속에 들어 있는 활성 물질은 잇몸을 보호하고 충치와 입에서 나는 냄새를 막는 작용이 있다. 예를 들면 불소가 함유된 치약에는 활성불화나트륨, 불화제일철과 불화스트론튬 등이 들어 있다. 이런 불화물들은 치아 표면에 한 층의 얇은 비활성 보호층을 형성하여 구강 내 세균의 활동을 억제시키고 치아가 산성 물질의 침습을 받는 것을 막아 주며, 충치가 생기는 것도 막아 준다.

그 외에 엽록소 치약에는 엽록소가 들어 있어 잇몸에서 피가 나는 것과 입에서 냄새가 나는 것을 막아 준다. 효소 치약에는 각종 효소 제재들이 있다. 이런 제재는 치아 사이에 끼어 있는 음식물 찌꺼기를 깨끗이 씻어내어 충치를 예방하는 작용을 한다. 약용 치약에는 산화성 약재가 들어 있어 잇몸이 곪거나 입에서 냄새가 나는 것을 치료할 수 있다.

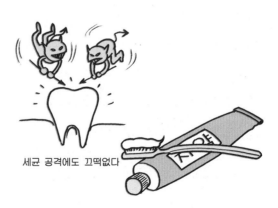

세균 공격에도 끄떡없다

어떻게 자외선 방지 크림은 피부가 햇볕에 타는 것을 방지할 수 있는가

무더운 여름날에 피부를 햇볕에 오랫동안 노출하면 얼마 되지 않아 피부가 벌겋게 된다. 이렇게 되면 피부가 벗겨지고 아프다. 장시간 바다에서 일하는 해녀나 어부들은 얼굴 피부가 검고 거칠며 주름이 많이 생겨 실제 연령보다 퍽 겉늙어 보인다. 이것은 그들이 태양 광선 중의 자외선을 과도하게 받았기 때문이다.

자외선은 살균 능력이 있는 동시에 인체 피부의 각질 세포를 해치기도 한다. 가벼우면 피부에 붉은 반점이 생겨 따가우며, 심할 때에는 갈색 반점이 생기거나 반점이 악화되어 피부암을 초래할 수 있다. 자외선 방지 크림은 피부가 직접 자외선을 받는 것을 방지할 수 있으므로 야외에서 활동하는 사람들이 많이 이용하고 있다.

자외선 방지 크림에는 보통 크림의 성분이 다 들어 있는 외에 자외선을 흡수하거나 반사하는 물질이 첨가되었다. 최초의 자외선 방지 크림에 사용한 방지제로는 산화아연, 이산화티탄, 활석분 등 고체 분말이다. 이것들은 자외선을 반사하는 성질을 가지고 있다. 그 후에는 자외선 방지 크림에 자외선을 흡수하는 물질을 더 첨가하였다. 이것들은 대부분 복잡한 유기 화합물로서 피부에 쪼이는 자외선의 99% 이상을 흡수한다.

또한 일부 식물의 줄기나 잎이나 과일에서 채취한 물질도 자외선을 흡수하는 성질이 있다는 것이다. 예를 들면 오이에서 채취한 오이 기름과 알로에 잎에서 짜낸 즙도 자외선을 흡수하는 성질이 있어 최근에는 이것들로 자외선 방지 크림을 만들기도 한다.

왜 잠자기 전에도
피부를 보호해야 하는가

사람이 잠을 잘 때에는 전신의 피부가 느슨해지는데 특히 얼굴 피부의 모낭이 크게 열린다. 그렇기 때문에 잠자기 전에 얼굴에 발랐던 화장품을 깨끗이 씻어내는 것은 좋은 습관이다. 이렇게 하면 잠잘 때 얼굴 피부가 충분히 산소를 호흡할 수 있기 때문이다.

사람이 잠잘 때 피하의 멜라닌 색소가 신속히 침전되는데, 이렇게 시간이 오래 가면 얼굴에 갈색 반점이나 검은 반점이 생기게 된다. 이것은 하나의 보편적인 생리 현상이지만 조금만 신경을 쓰면 충분히 개선할 수 있는 것이다.

밤새 생기게 되는 피부 생리 변화에 대한 알맞은 대처를 하면 확실한 효과를 볼 수 있다. 최근에 미용 전문가들은 특별한 비타민C 미용 제품을 개발해냈다. 그 가운데 들어 있는 주요 성분인 비타민C는 피부에서 유리기가 생성되는 것을 억제하는 작용이 있으므로 얼굴에 갈색 반점이 생기는 것을 막아 준다. 이 특별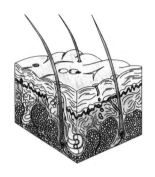
한 비타민C 미용 제품에는 또 특수한 각
질 단백 효소가 들어 있다. 이는 피부의
각질화를 방지할 뿐만 아니라 피부 세포
의 신진 대사를 촉진시키고 수면시에 얼
굴에 멜라닌 색소가 생성되는 것을 억제
하므로 얼굴 피부를 희고 정결하게 가꾸어 준다.

　잠자기 전에 세안하면 낮 동안 얼굴에 묻었던 먼지와 모낭을 막았
던 화장품을 깨끗이 씻어 낼 수는 있지만, 이것만으로는 피부가 충분
하게 호흡할 수 있다고 말할 수 없다. 왜냐하면 잠잘 때 피부 표면에서
는 노화한 각질층과 세포가 생기면서 모낭의 정상적인 호흡에 영향을
주기 때문이다. 특별한 비타민C 미용 제품 가운데 들어 있는 단백질은
모낭을 막는 노화한 세포와 각질층을 깨끗이 제거해 줄 수 있기 때문
에 모낭을 소통시켜 피부가 호흡하는 데 유리하므로 피부가 건강하게
휴식할 수 있게 한다.

인공 혈관으로 진짜 혈관을 대체할 수 있는가

피는 혈관을 통해 순환하면서 생명을 유지한다. 그런데 만일 이런 혈관이 터지면 피가 밖으로 흘러나오면서 출혈을 일으킨다. 때로는 굵은 혈관이 괴사하거나 막히거나 파열되는 경우가 있다. 이런 때에는 병변을 일으킨 부위의 혈관을 베어내고 같은 크기, 같은 굵기의 인공 혈관으로 바꾸어 넣어야 한다. 그럼 인공 혈관으로 진짜 혈관을 대체할 수 있는가?

처음에 전문가들은 인체의 기능으로부터 출발하여 동물성 단백질 섬유인 누에실 인공 혈관을 만들었다. 우선 정교한 방직기로 섬세하고도 치밀한 관상 직물을 짠다. 그 다음 기계적인 가공과 수지 가공 처리를 하여 관상 직물이 인성, 탄성과 신축성을 가지게 한다. 또한 마음대로 구부릴 수도 있고, 부러지거나 터지지 않고 물과 피가 새지 않게 한다. 피가 이런 〈혈관〉을 통과할 때에는 아무런 변화를 일으키지 않는다. 인공 혈관이 완성되면 엄격한 소독을 거쳐 인체의 혈관을 대체하여 직접 쓸 수 있다.

인공 혈관에 대한 연구가 깊어지면서 전문가들은 일부 합성 고분자의 화학 구조와 물리적 성능이 인체 기관 조직의 천연 고분자와 아주 흡사하다는 것을 발견하였다. 이런 고분자 재료로 만든 인공 기관을 병변이 생긴 인체 조직에 넣으면 거부 반응이 일어나지 않는다. 전문가들은 폴리우레탄 고무 또는 폴리에틸렌테레프탈레이트로 인공 혈관을 만들어 이미 임상 치료에 성공적으로 응용하였다. 최근 각종 항혈전성이 있는 의료 기능 재료들이 속속 개발되고 있다. 인공 혈관 고분자 재료를 합성하는 과정에 친수성 부분과 소수성 부분을 각 점에 골고루 분포시키면 항혈전성이 크게 향상된 이런 구조는 공중합 방법으로 두 가지 또는 그 이상의 합성 고분자들을 결합시킨다. 대표적인 재료로는 친수성 폴리에테르우레탄과 소수성 폴리디메틸실록산을 결합시켜 얻은 공중합체이다.

현재 전문가들은 합성 고분자 재료로 인공 혈관뿐만 아니라 인공 심장, 인공 기관, 인공 코, 인공 뼈, 인공 피부, 인공 근육 등의 조직들도 합성해낼 수 있다. 한마디로 합성 고분자 재료로는 뇌, 위, 부분적인 내분비 기관을 제외한 인체 대부분의 기관을 만들 수 있다.

인공 심장

어떻게 인공 피로
천연 혈장을 대체할 수 있는가

모두가 알다시피 사람의 생명은 피를 떠날 수 없다. 외상을 입었거나 수술시 피를 많이 흘렸을 때에는 수혈하는 것이 환자를 살리는 불가피한 수단이다. 병원에서 쓰는 혈장은 주로 건강한 사람의 몸에서 채취한 것이다. 그러나 돌발적인 재해나 전쟁 때에는 천연 혈장이 엄청나게 모자란다. 따라서 과학자들은 인공 합성의 방법으로 인조 혈장을 만들어 내려고 하였다. 최초로 임상에서 사용된 인공 혈장은 고분자 다당 물질이었는데, 이런 인공 혈장은 산소를 운반할 수 없었을 뿐만 아니라 이산화탄소도 운반할 수 없어 다만 천연 혈장의 보충제로 쓰였다.

그런데 우연한 사고로 인공피 연구에 희망을 가지게 되었다. 1956년에 미국의 한 생물학자가 실험실에서 부주의로 실험용 쥐 한 마리를 마취용으로 쓰는 불화탄소 용액에 떨어뜨렸다. 그 용액에 빠지면 죽어야 할 쥐가 몇 시간이 지나도 태연하게 살아 있었다. 그 후 과학자들은 반복적인 연구를 통해 불화탄소 용액은 산소를 용해시키는 동시에 이산화탄소를 방출한다는 것을 발견하였다. 이는 사람의 피가 가지고 있는 기능과 매우 흡사하다. 이 사건은 각국 과학자들의 큰 관심을 불러일으켰다. 일본 과학자는 많은 불화탄소 화합물 중에서 인체에 독성작용이 없는 것을 골라 실험하였다. 불화탄소 화합물이 사람의 피와 마찬가지로 산소를 운반할 뿐만 아니라 이산화탄소를 폐로 운반하여 배출한다는 것을 발견하였다. 1979년, 한 대출혈 환자에게 피의 대용품으로 불화탄소 화합물을 임상 사용하였는데 성공적이었다. 그 후 이 특수한 기능을 가지고 있는 〈인공피〉로 대량의 피를 요구하는 환자 100여 명을 구급하는 데 모두 성공하였다.

일본의 과학자들은 1980년대 초에 〈불화탄소 화합물 인공피〉를 만들어냈으며, 이미 임상에 성공하였다. 이 인공피는 인공 합성한 유기 불소 화합물과 무기물 등으로 조성되었는데, 외관이 백색 젖빛 모양과 같다 하여 〈백색 피〉라고도 한다.

〈백색 피〉는 천연피보다 더 많은 장점을 가지고 있다. 인공피는 인공 합성한 것이기 때문에 성능이 안정적이며 또 엄격한 멸균 처리를 거쳐 아무런 세균과 바이러스도 함유하지 않기 때문에 질병을 전염시키지 않는다. 천연피는 4℃에서 3주일 정도밖에 보존하지

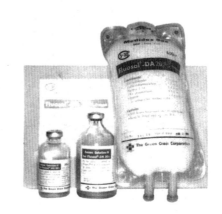

인공 피

못하지만 인공피는 냉동 상태에서 수년간 보존할 수 있다.

그런데 인공피도 결함이 있다. 예를 들면 인공피는 응고 기능과 면역 기능이 없으므로 지금까지 천연피를 완전히 대체하지 못하고 있다. 이런 결함을 보완하기 위하여 과학자들은 지금도 유전자 공학 기술로 인공피를 만드는 데 전력을 기울이고 있다. 과학자들은 사람의 유전자를 돼지 배아에 이식한 후 돼지의 피에서 헤모글로빈 등 물질을 채취하여 다시 인공피를 만들 수 없겠는가를 연구하고 있다. 만약 이 연구가 성공한다면 인공피는 천연 혈장과 더욱 비슷해질 것으로 기대된다.

왜 섬유소를 〈제 7영양소〉라고 하는가

모두가 알다시피 식물 가운데 탄수화물, 지방, 단백질, 비타민, 무기질과 물은 인체 생명 활동을 유지하는 데 없어서는 안 될 6가지 영양소이다. 최근 일부 영양학자들은 식용할 수 있는 섬유소 즉 식이 섬유를 영양소 구분에 넣고 〈제 7영양소〉라고 부른다. 인체는 섬유소 가운데에서 직접 에너지를 섭취하지 못하고 또 섬유소가 인체의 신진 대사에 직접 참가하지 않지만 인체 건강을 지켜주는 데 중요한 작용을 하고 있다.

섬유소는 식물체를 구성하는 기본 물질로서 식물의 세포벽을 형성하고 있으며, 식물의 뿌리, 줄기, 잎 등 각 부분에 존재하고 있다. 우리들이 먹고 있는 음식물 가운데 채소나 과일 등에는 많은 섬유소가 들어 있다. 식이 섬유라는 개념이 나타난 후 사람들은 체내의 소화 효소가 소화시킬 수 없는 펙틴, 우무와 같은 일부 비녹말류도 식이 섬유에 포함시키고 있는데 이것들을 고섬유라고 한다.

그럼 섬유소는 어떤 물질인가? 화학 물질 분류의 기준에서 볼 때 섬유소와 녹말은 모두 당류에 속하고, 화학 조성이 비슷하다. 그 둘은 모두 무수한 포도당이 서로 결합되어 형성되었는데 다만 포도당 사이의 결합 방식이 서로 다를 뿐이다. 음식물 중의 녹말은 체내에 들어간 후 녹말 효소의 작용으로 가수 분해되어 포도당이 된 후 인체의 주요한 에너지 원천이 된다. 그러나 사람은 섬유소를 분해하는 효소가 없기 때문에 소화시키지 못하고 그대로 배설하게 된다. 하지만 많은 초식 동물들의 체내에는 섬유소 분해 효소가 있기 때문에 나뭇잎, 풀 등의 섬유소가 효과적으로 흡수되어 에너지로 전환될 수 있다.

그럼 식이 섬유와 인체 건강은 어떤 상관 관계가 있는가? 섬유소는 비록 인체에 소화 흡수되지 못하지만 장의 활동을 촉진하고, 기능을 증강시켜 준다. 섬유소는 장내 미생물의 작용 하에 약 5%가 분해되어 콜로이드 상태 물질과 젖산, 초산, 이산화탄소 등을 생성한다. 이런 물질들은 장내의 산성을 유지시켜 유해 물질들의 번식을 억제시킬 뿐만 아니라 장벽에서의 포도당 흡수를 촉진시키고 대변 배출이 잘 되게 해준다. 어떤 미생물들은 장내에서 섬유소를 분해시켜 비타민B군 중의 판토텐산, 이노시톨, 비타민K 등 여러 가지 물질을 생성시켜 인체에 공급한다.

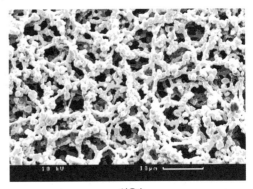
섬유소

식이 섬유가 갈수록 환영받는 것은 사람들의 음식 개념이 변하고 있기 때문이다. 현대 의학 연구에서 밝혀진 바에 따르면 비만증, 당뇨병, 동맥경화 등은 모두 영양 과잉, 특히 음식 중의 섬유소 함량이 낮은 것과 관계가 있다. 최근 임상에서는 사과로 당뇨병 환자들의 음식과 일부 약물을 대체하여 많은 치료 효과를 보고 있다. 총체적으로 섬유소는 인체 건강에 이롭기 때문에 〈제 7영양소〉라고 부른다.

왜 효소는 인체에
필수적인 물질이라고 하는가

죽을 끓인 후 요오드팅크 한두 방울을 떨어뜨리면 즉시 남색으로 변한다. 이것은 녹말을 검사하는 방법이다. 만약 37°C 되는 죽물에 침을 떨구어 놓고 조금 놓아두었다가 거기에 요오드팅크를 떨어뜨리면 남색이 나타나지 않고 적자색이 나타난다. 이것은 죽 속의 녹말이 침에 의해 화학적 변화를 일으켰기 때문이다. 침에는 일종의 신기한 녹말 효소(아밀라아제)가 들어 있다. 이 녹말 효소는 사슬이 긴 녹말 분자를 끊어 포도당으로 만든다. 만약 녹말 효소의 작용이 철저하지 못하면 녹말이 덱스트린으로 된다. 덱스트린은 요오드를 만나면 적자색으로 나타난다.

녹말 효소는 생물체 내에 존재하는 일종의 촉매제로서 적은 양으로도 많은 녹말을 가수 분해시켜 당으로 만든다. 사람의 침에 바로 이런 녹말 효소가 들어 있다. 우리가 밥을 씹을 때 단맛을 느끼게 되는 것도 밥 속의 녹말이 당으로 변했기 때문이다. 입에서 변화하지 않은 녹말은 소장에서 아밀롭신에 의해 당으로 변한 후 인체에 흡수된다. 입에서 소화되는 양이 많으면 소장의 부담을 덜 수 있기 때문에 밥을 먹을 때 천천히 오래 씹어 먹어야 한다.

생물체 내에는 녹말 효소 외에도 서로 다른 용도를 가진 효소가 많다. 효소는 선택성이 매우 강하다. 한 가지 효소는 오로지 한 가지 물질에만 촉매작용을 일으킨다. 예를 들면 녹말 효소는 오직 녹말에만 촉매작용을 일으키고, 단백질과 지방질에 대해서는 아무런 작용도 없다. 체내에서 효소는 이렇게 역할이 명확하다. 포도당과 아미노산 등 영양 물질은 혈액을 따라 인체 각 조직에 공급되고, 일부는 새로운 인체 조직을 합성하는 데 쓰이며, 또 일부는 완전히 분해되어 생명 활동에 요구되는 에너지를 방출한다. 체내에서 진행되는 화학적 변화는 대단히 복잡하다. 모든 화학 반응은 효소의 참여에 의해 진행된다.

사람이나 동물, 식물의 유기체 내에는 모두 자기의 효소 계통이 있다. 그러므로 과학자들은 효소가 없으면 생명이 없다고 말하고 있다. 지금 과학자들은 각종 효소의 특성을 이용하여 원래 유기체 내에서만 진행되던 반응을 생물체 외에서도 효과적으로 진행될 수 있게 하였다. 이렇게 하여 하나의 새로운 영역인 효소 공정이 탄생하였다. 효소 공정은 투자가 적게 들고 효과가 좋으며, 에너지 소모가 적고 노폐물이 적은 등 특징을 가지고 있어 전통적인 화학공업의 생산 방식을 변화시켰다. 효소 공정은 새로운 고효과성 산업으로 떠오르고 있다.

왜 자화수는 건강에 이로운가

시중에서 팔리고 있는 정수기에는 대부분 자화기가 장치되어 있다. 물이 자화기의 자석을 통과하면 곧 자화수로 변화된다. 자화수는 수많은 성능을 가지고 있는데 건강에 매우 이롭다. 특히 요도 결석이나 신장 결석에 좋은 예방 작용과 치료 작용을 한다. 그럼 물이 자화되면 어떤 변화가 생기는가?

물은 수많은 물 분자로 이루어졌다. 보통의 상태에서 물 분자들은 단독적으로 존재하는 것이 아니라 중합수의 형식으로 존재한다. 그러나 자기 장치의 작용을 거치면 분자들이 제각기 흩어져 하나하나의 물 분자로 변화한다. 이런 물 분자들은 크기가 매우 작기 때문에 자유롭게 고체 물질의 틈새에 뚫고 들어가 상상 외의 결과를 나타낸다.

예를 들면 자화수로 시멘트를 반죽하면 물 분자들이 시멘트 분자 사이에 더 쉽게 침투되어 보통 물로 반죽하는 것보다 콘크리트의 강도가 50%나 더 강해진다. 또 자화수로 증기를 생산하면 보일러의 안벽에 물때가 잘 끼지 않는데, 이것도 자화수가 물때 고체 속에 뚫고 들어가 그것을 침적하지 못하게 하기 때문이다.

자화수는 중합 형태의 물 분자가 적고 생물체 내의 물과 비슷하기 때문에 생물체의 생명 과정에 더 쉽게 참여할 수 있다. 과학자들의 실험에 따르면 자화수로 침종하고 배육시킨 벼와 사탕무는 10% 증산할 수 있고, 콩은 무려 40%나 증산할 수 있다고 한다.

체내의 결석은 주로 칼슘과 탄산이온이나 인산이온과 결합하여 생성된 침전물이다(주성분은 탄산칼슘과 인산칼슘이다). 이런 침전물 가운데에서 입자가 작은 것은 소변을 통해 체외에 배출되지만 과립이 큰 것은 배출되지 못하고 요도나 신장 속에 남아 있게 된다. 자화수는 난용성 물질 속에 깊이 침투할 수 있기 때문에 결석이 단단해지거나 커지지 않게 하고 나중에는 분해시켜 체외로 배출되게 한다. 일부 병원의 임상 실험에 의하면 자화수 요법으로 결석환자를 치료한 결과 그 치료 효과가 65% 이상이었다고 한다.

자화수에 대한 연구는 시작에 불과하므로 아직도 많은 문제들이 분명히 밝혀지지 않고 있다. 예를 들면 물을 어느 정도 자화시켜야 최적의 효과를 볼 수 있으며, 자화 전후의 물이 다른 물질과 서로 작용하여 어떤 질적인 변화를 일으키는가? 이런 것들은 향후 해결해야 할 연구과제이다. 예견하건대 머지않아 자화수는 꼭 인류의 건강을 위해 한몫하게 될 것이다.

왜 DHA를 〈뇌황금〉이라고 하는가

　　최근에 시중에는 어린이들의 대뇌 발육을 촉진시키는 영양제를 많이 판매하고 있다. 그 중에는 흔히 〈뇌황금〉이라고 하는 DHA(도코사헥사엔산)가 들어 있는 제품들이 많이 있다. 그럼 DHA는 대체 어떤 물질인가?

　　DHA는 우리가 잘 알고 있는 지방과 밀접하게 연관된다. 지방은 체내의 신진대사에서 없어서는 안 될 중요한 물질로서 생물에너지를 생성하고 인체 조직의 윤활제로 작용하며, 유용성 비타민의 흡수를 촉진시켜 피부를 건강하게 해준다. 지방은 체내에서 가수 분해되어 여러 가지 불포화 지방산을 생성하는데, 이런 불포화지방산은 인체 내에서 중요한 생리 기능을 한다. 그 중에서 리놀산, 리놀렌산, 아라키돈산은 프로스타그란딘, 콜레스테롤 등 호르몬을 합성하는 중요한 원료로서 비타민F라고 한다. DHA도 한 종류의 고도 불포화 지방산이다.

　　대뇌 영양학 연구에서 새롭게 밝혀진 바에 따르면 대뇌의 생장 발육은 불포화지방산과 밀접한 관계가 있다. 뇌세포의 구성을 보면 단백질이 약 30%, 불포화지방산이 약 60%를 차지하는데, 그 중에서 특히 탄소 결합이 긴 불포화지방산인 DHA가 제일 중요한 작용을 한다. DHA는 대뇌 신경의 전달과 신경 조직의 생장과 발육에서 없어서는 안 될 중요한 작용을 한다. 따라서 임신부나 어린이들이 DHA가 함유된 지방을 많이 섭취하면 어린이의 대뇌 발육에 큰 도움을 줄 수 있다. 그렇기 때문에 DHA를 〈뇌황금〉이라고도 한다.

일반적으로 녹는점이 낮은 식물성 지방이 동물성 지방보다 더 좋다. 그것은 식물성 지방 속에 들어 있는 불포화지방산이 동물성 지방보다 더 많기 때문이다. 그런데 DHA는 심해에서 사는 물고기(정어리, 꽁치, 고등어, 연어 등의 등푸른 생선)의 지방에 많이 들어 있다. 그래서 DHA 영양제품은 심해 물고기 지방으로 만든다. 주의해야 할 것은 심해 물고기 지방에는 또 EPA(에이코사펜타에노산)라는 불포화지방산이 함유되어 있는데, EPA는 대뇌 발육을 촉진하는 동시에 성적인 조숙을 초래할 수 있다. 때문에 어린이들의 대뇌 발육 건강 식품을 생산할 때에는 반드시 EPA 함량을 최저한도로 낮추어야 하는 것이다.

왜 순수한 알코올은
살균력이 없는가

알코올의 소독 작용은 모두가 다 아는 상식이다. 그런데 흥미있는 것은 병원에서 쓰는 소독용 알코올은 순수한 것이 아니고 75%짜리 농도의 희석액이라는 것이다. 그럼 왜 순수한 알코올은 살균하지 못하는가?

알코올의 학명은 에틸알코올이다. 알코올은 강한 침투력을 가지고 있으므로 세균 내부에까지 뚫고 들어가 균체 단백질을 응고시킨다. 그러면 세균이 활성을 잃고 죽어 버린다. 이전에 우리는 순알코올은 세균단백질을 변형시키는 속도가 너무 빠르고 강하여 세균 표면을 응고시키면서 보호막을 형성하며, 이런 보호막이 알코올이 지속적으로 내부에 침투되는 것을 저해하기 때문에 순수한 알코올은 소독, 살균하지 못한다고 인정하였다. 그런데 사실은 알코올과 물이 공존해야만 단백질을 변성시킨다. 단백질은 매우 복잡하고 큰 분자 구조를 가지고 있다. 단백질은 나선형의 긴 사슬이 일정한 기하학 형태를 이루고 있다.

단백질의 기하학적 형태가 파괴되어 다시 원상태로 돌아갈 수 없어야만 단백질이 생리 활성을 잃게 된다.

단백질 분자 가운데는 소수성기(hydrophobic group, 疏水性基)들이 나선 상태의 긴 사슬 내부에 많이 있고, 친수성기(hydrophilic group, 親水性基)들이 외부에 많이 〈노출〉되어 있다. 때문에 단백질의 외부는 일정한 수용성을 가지고 있어 콜로이드 상태를 이룬다. 단백질 내부의 소수성기와 외부의 친수성기 사이에는 일정한 흡인력이 있다. 그리하여 단백질은 안정적이면서도 활동적인 성질을 가지게 된다. 단백질을 변성시키려면 나선 상태를 이루게 하는 각종 힘을 파괴해야 한다.

알코올 분자에는 두 개의 극단이 있다. 하나는 소수성기($-C_2H5$)인데, 단백질 내부 소수성기 사이의 흡인력을 능히 파괴할 수 있다. 다른 하나는 친수성기(-OH)인데, 단백질 외부의 친수성기 사이의 흡인력을 파괴하기 힘들다. 다른 한 방면으

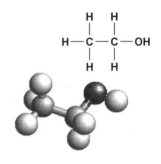

로 물 분자는 단백질 외부의 친수성기 사이의 흡인력은 약화시킬 수 있지만 세균 내부의 소수성기 사이의 흡인력은 파괴시키지 못한다. 그러므로 순수한 알코올이나 물은 모두 세균 내부의 단백질을 변성시킬 수 없다. 알코올과 물이 공존해야만 세균 단백질의 기하학적 형태를 이루게 하는 각종 흡인력을 약화시킬 수 있고 단백질이 생리적 활성을 잃게 할 수 있다. 즉 일정한 농도의 알코올 용액이라야 살균할 수 있는 것이다.

왜 클로로에틸은
진통 작용을 하는가

우리는 축구장에서 이런 장면을 자주 볼 수 있다. 한 운동 선수가 상대 선수와 부딪쳐 몹시 아파하면서 땅에서 뒹굴 때 팀의 의료진이 달려가 통증 부위에 무슨 약을 뿌리면 조금 지나서 그 선수가 다시 일어나 시합에 참가하곤 한다.

그럼 의료진이 상처 부위에 뿌린 약은 무엇이기에 그렇게 신기한 효력을 가지고 있을까?

상처 부위가 몹시 아플 때 국부를 냉동 마취시켜 근육 신경이 통증을 느끼지 못하게 하는 것이 제일 좋은 방법이다. 축구장에서 의료진은 냉동제를 뿌리는 방법으로 선수가 고통에서 잠시 벗어나게 한다. 여기에 쓰이는 냉동제가 바로 액체 상태의 클로로에틸이다.

클로로에틸은 일종의 기체 상태의 유기물로서 끓는점은 12.3℃이고, 실온에서 조금만 압력을 가하면 액화된다. 상처 부위에 액체 상태의 클로로에틸을 분무하면 체온의 영향으로 클로로에틸이 즉시 기화

된다. 이 기화 과정은 매우 신속하고 또 상처 부위의 피부에서 대량의 열을 흡수하므로 피부를 즉시 냉동 마취시킬 수 있다. 이러면 피하에 있는 통증 신경말초가 더 이상 대뇌에 통증을 전달하지 못하므로 사람이 통증을 느끼지 않게 된다. 동시에 이런 국부 냉동은 상처 부위의 피하 혈관을 수축시키기 때문에 지혈작용도 할 수 있다. 상처 부위를 국부 냉동시켜도 전신의 감각 기능에는 별 영향이 없으므로 골절 등 중상만 아니라면 클로로에틸로 응급 처치를 한 선수는 다시 시합에 참가할 수 있다.

　반드시 지적해야 할 것은 클로로에틸을 뿌리는 방법은 어디까지나 일시적인 응급 조치일 뿐 치료 작용은 하지 못한다는 것이다. 때문에 다친 운동 선수는 시합이 끝난 후 반드시 제대로 된 치료를 받아야 한다.

왜 마약인 아편을 약으로 쓰는가

시중에는 마약 밀매가 범람하여 이미 세계적으로 심각한 문제가 되고 있다. 그럼 아편은 이렇게 위험한 마약인데 왜 병원에서는 약으로 쓰는가?

아편은 양귀비 열매에서 짜낸 액으로 만든 것이다. 양귀비는 2년생 초본 식물로서 그 열매는 구형이다. 열매가 완전히 성숙되기 전에 열매 표피를 칼로 째놓으면 거기에서 유백색의 액이 흘러나오는데, 이 액을 받아 말리면 곧 아편이 된다.

일찍이 수천 년 전에 고대 사람들은 무의식중에 양귀비 열매가 피로한 신경을 평온하게 해주고, 또 고통에 시달리는 사람들에게 특수한 진통작용을 한다는 것을 알게 되었다.

아편의 주요 성분은 모르핀인데, 그 함량이 약 10%이다. 모르핀은 일종의 알칼로이드로서 그 약리 작용은 근육 경련을 완화시키고 장의 운동을 억제시키며, 진통작용을 하고 설사와 기침을 멎게 하는 작용도 한다. 사람들이 담결석이나 신장결석 그리고 암과 같은 질병에 걸렸을 때 극도의 통증을 느끼게 된다. 이 때 통증 억제를 위해 모르핀을 사용하면 효과적으로 진통시킬 수 있다. 또 사람이 상처로 혼수상태에 빠졌거나 체내 대출혈이 생겼을 때 모르핀을 사용하면 유기체의 기능을 보호할 수 있다. 때문에 모르핀은 병원에서 필수적으로 갖추어야 할 일종의 비상약품이다.

그러나 모르핀을 쓸 때에는 반드시 신중해야 한다. 왜냐하면 모르핀은 비록 특수한 진통 작용이 있지만 자주 쓰면 내성이 생길 수 있기 때문이다. 비록 치료 목적으로 모르핀을 사용하였다고 하지만 내성이 생기면 그것을 절제하기 매우 힘들어진다. 전형적인 〈모르핀 합병증〉을 보면 정신 상태가 혼미해지고 영양 부족이 심해지며 성격이 포악해진다. 중독으로 인해 발작할 때에는 하품을 하고 안절부절 못하며, 심지어 땅에서 뒹굴거나 벽에 머리를 부딪치기까지 한다. 대부분 중독자들은 마약을 얻기 위해 자아 통제를 잃고 인격을 상실한 행동을 거리낌없이 저지르므로 가정과 사회에 불안을 조성한다. 때문에 세계적으로 의약용 목적이 아닌 경우를 제외하고 아편을 생산, 판매하고 복용하는 것을 위법 행위로 간주하고 엄하게 단속하고 있다.

양귀비

아편

왜 간접 흡연도
마찬가지로 유해한가

담배를 피우면 건강에 해롭다는 것은 누구나 다 아는 사실이다. 한 사람이 담배 한 대를 피울 때 2000ml 정도 되는 담배 연기를 마시게 되고, 연기 한 모금씩 마실 때에는 약 50억 개나 되는 먼지 분자가 폐에 들어가게 된다. 뿐만 아니라 담배 연기 속에는 수백 종이나 되는 유해 물질이 들어 있다. 예를 들면 아질산염, 비소 화합물, 페놀류, 아민류, 니코틴, 일산화탄소, 질소화합물, 시안산, 납과 수은 화합물, 그리고 강한 발암물질인 3, 4-벤조피렌 등이 들어 있다. 때문에 어떤 사람들은 담배 한 대를 피우면 수명이 2분씩 줄어든다고 하는데, 이는 절대 과장된 말이 아니다.

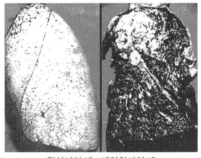

정상인의 폐 - 폐암환자의 폐

담배잎 건조 / 담배밭

　스웨덴에서 발표한 통계에 의하면 해마다 흡연으로 인한 사망 인구
가 총 사망 인구의 1/3을 차지한다고 한다. 이는 교통 사고로 인한 사
망자 수보다 더 많다. 또 흡연으로 인해 기관지염, 폐기종, 천식 등 질
병에 걸리는 환자는 부지기수이다.

　그럼 한 사람이 담배를 피우면 담배를 피우지 않는 주위의 사람들
도 해를 입게 되는가? 답은 〈그렇다〉이다. 흡연은 실내 환경을 오염시
키는 중요한 원인 중의 하나이다. 실내에서 담배를 피우면 실내 공기
가 오염된다. 담배를 피우지 않는 사람도 오염된 공기 중의 일산화탄
소를 흡수하기 때문에 헤모글로빈의 산소 운반 능력이 감퇴되면서 인
체 조직의 산소 결핍을 초래한다. 사람의 중추 신경은 산소 결핍에 제
일 민감하다. 일단 체내에 산소가 결핍되면 머리가 아프고 어지럽다.

심할 때는 심장 혈관 계통에까지 영향을 주는데, 관상동맥의 피 흐름량이 증가되면서 심장 부담이 과중되고 심장이 발작할 수도 있다.

그 밖에 담배를 피우지 않는 사람들은 담배 연기 속의 니코틴, 질소산 화합물과 3, 4-벤조피렌 등 유해물질에 대한 적응성이 약하기 때문에 담배 연기가 그들에게 주는 위해가 더 크다고 말할 수 있다. 통계 자료에 의하면 지속적으로 간접 흡연 상태에 있는 사람들의 암발병률은 이런 피해를 받지 않는 사람들보다 3 ~ 4배나 높다고 한다. 그 밖에 영아들의 간접 흡연 위해성은 더 크다. 연구 결과에 의하면 부모들이 담배를 피우면 아이의 지능 발육이 늦어지고 여러 가지 염증이 자주 생기며, 아이의 호흡 계통이 영향받아 폐기능이 낮아지게 된다고 한다.

제4장 화학에 관한 흥미로운 이야기

어떻게 고대 유물의 나이를 측정할 수 있는가

　　과학자들이 고대 유물의 나이를 알아내는 데에는 〈역사를 알려 주는 시계〉라는 강력한 〈무기〉가 있다. 이런 〈시계〉는 상고 시대부터 가기 시작하였고, 한 시각도 틀림없이 오늘도 끊임없이 가고 있다. 과학자들은 이런 〈시계〉를 〈원자 시계〉라고 이름 지었다. 원자 시계에는 여러 가지가 있는데 고고학자들이 흔히 쓰는 것이 〈탄소 시계〉이다. 탄소 시계로 고대 유물의 나이를 측정하면 비교적 믿을 수 있다.

　　우주 공간에는 우리의 눈으로 볼 수 없는 수없이 많은 방사선이 있다. 이런 방사선들은 지구의 대기층을 꿰뚫고 들어올 때 공기 속의 분자들과 충돌하면서 양성자(p), 중성자(n), 전자(e) 등 미립자들을 수없이 생성시킨다. 이렇게 생성된 중성자가 질소 분자 속의 질소 원자핵과 충돌하면 질소 원자는 중성자를 얻는 한편 양성자 하나를 방출하면서 그 자체는 탄소 - 14로 변한다. 탄소 - 14는 방사성을 가지고 있으며, 전자를 방출하면 또다시 질소로 변한다. 우주 방사선의 작용으로 인해 부단히 생성되는 탄소 - 14는 방사선을 방출하고 질소로 바뀌는 과정에 또 부단히 감소하면서 대기 중의 탄소 - 14의 함량은 변화하지 않고 평형 상태를 유지한다.

대기 중의 탄소 - 14 원자는 기타 탄소 원자와 마찬가지로 산소 원자와 결합하여 이산화탄소 분자를 생성한다. 식물은 광합성 작용 과정에 물과 이산화탄소를 흡수하여 체내에서 녹말, 섬유소 등을 합성해낸다. 이런 과정에서 탄소 - 14는 식물체 내에 들어간다. 그러나 식물은 죽으면 대기 중의 탄소 - 14를 더는 흡수하지 못한다. 그러나 탄소 - 14는 여전히 방사선을 방출하기 때문에 그것들의 함량은 점차 감소된다. 따라서 고대 식물의 탄소 - 14 함량을 측정하여 그 생장 연대를 추정해내는 것이다.

과학자들은 연구를 거쳐 5730년이 흐르면 탄소 - 14의 질량이 절반으로 줄어들며, 또 5730년이 흐르면 다시 절반이 줄어든다는 것을 발견하였다. 주기적인 변화를 가져오는 이런 기간을 반감기(半減期)라고 명명하였다. 방사성 원소는 모두 이러한 법칙을 따른다. 즉 일정한 시간이 흐르면 양이 절반씩 줄어든다. 탄소 - 14의 반감기는 5730년이므로 고고학의 연구에 잘 이용할 수 있다. 과학자들은 이러한 성질에 근거하여 탄소 - 14를 〈탄소 시계〉라고 부르게 되었다.

빗살무늬 토기
탄소시계
탄소-14

사람의 음주량은 무엇에 의해 결정되는가

술은 한 가지 특별한 음료로 그 주요 성분은 물과 에틸알코올이다. 사람들이 마시는 술에는 모두 알코올 성분이 들어 있다.

사람들이 흡수할 수 있는 알코올량은 일정한 한계가 있다. 이 한계를 넘으면 중독에 이른다. 술에 취한 것이 바로 미약하게 중독되었다는 표시이다. 사람이 술에 취하면 얼굴이 빨개지고 구역질이 나고 정신이 흐려지고 환각이 생기는 현상이 일어난다. 만일 알코올에 심하게 중독된다면 생명도 위험하게 된다.

그럼 왜 어떤 사람은 음주량이 커서 술에 잘 취하지 않지만 어떤 사람은 음주량이 작아 술을 약간만 마셔도 취하는가?

술은 인체에 들어간 후 곧 혈액 속으로 흡수된다. 술 중의 에틸알코올은 혈액 속에서 여러 효소의 작용을 받아 일련의 복잡한 변화를 일으킨다. 우선 에틸알코올은 산화되어 아세트알데히드로 변한다. 아세트알데히드는 또 금방 산화되어 초산으로 변하고 나중에 물과 이산화탄소로 변한다. 이 과정에 여러 효소들이 관여하여 일련의 복잡한 변화를 공동으로 수행한다.

그 가운데에서 제일 어려운 것은 에틸알코올을 아세트알데히드로 산화시키는 과정이다. 이 과정은 에틸알코올을 아세트알데히드로 산화시키는 효소의 도움이 있어야 진행된다. 그런데 효소의 촉매 작용은 기질 특이성이 있기 때문에 각각의 효소는 모두 자체적으로 전문적인 촉매 대상이 있다. 다른 효소는 에틸알코올을 아세트알데히드로 산화시키는 효소를 돕지 못한다. 그러므로 에틸알코올을 아세트알데히드로 산화시키는 효소의 많고 적음이 사람의 음주량을 결정하는 관건이 된다.

어떤 사람의 혈액에는 이런 효소가 많아 술 중의 에틸알코올을 금방 아세트알데히드로 산화시킬 수 있다. 이런 사람은 음주량이 크다. 이런 사람들은 술을 조금 마시면 얼굴도 붉어지지 않고 많이 마셔도 쉽게 취하지 않는다. 그러나 어떤 사람은 혈액 속에 그런 효소가 적기 때문에 술을 조금만 마셔도 금방 취하게 된다.

어떻게 음주 측정기로 음주 여부를 측정할 수 있는가

현대인들에게 중요한 교통수단인 자동차들이 하루가 다르게 증가하면서 교통 안전에 비상이 걸렸다. 그 중에서도 술을 마시고 운전하는 문제가 심각하다. 교통 경찰들이 음주 측정기로 음주 여부를 알아낼 때는 간편하면서도 정확하고 빨라야 한다.

그럼 음주 측정기로 운전자가 술을 마셨는가를 어떻게 알아내는가?

술의 주성분은 에틸알코올이다. 에틸알코올의 한 가지 화학적 특성은 쉽게 산화된다는 것이다. 에틸알코올은 환원제로서 쉽게 산화되는 동시에 산화제를 환원시킨다. 에틸알코올을 산화시키는 물질은 많지만 전문가들은 그 중에서 삼산화크롬(CrO_3)이란 산화제를 선택했다. 이 물질은 산화 능력이 강한 오렌지색의 결정체이다. 삼산화크롬 가루는 에틸알코올을 만나면 빠르게 에틸알코올을 산화시키고 자신은 원자가가 +3가인 크롬 이온(CrO_3 중의 크롬 이온은 +6가)으로 환원된다. +3가 크롬 이온은 검은 녹색을 띤다.

교통 경찰이 사용하는 음주 측정기 속에는 삼산화크롬 가루가 들어 있다. 음주 여부를 검사할 때 운전수가 측정기에 입을 대고 입김을 불어 넣게 한다. 불어 넣은 입김에 에틸알코올 성분이 들어 있다면 분석기 내의 삼산화크롬이 에틸알코올과 반응하여 녹색의 3가 크롬 이온을 생성한다. 이 반응은 아주 예민하기 때문에 술을 마셨다면 어김없이 적발된다.

검사 과정에 색깔의 변화는 전자 감응 장치를 통해 전자 신호로 전환되고, 전자 신호는 측정기 내의 부저를 울리게 한다. 부저가 울리면 측정한 사람이 술을 마셨다는 것을 표시한다.

최근에는 마신 술의 양까지 나타낼 수 있는 디지털 음주 측정기가 주로 사용되고 있다.

음주 측정기는 교통 운행 제도를 위반하는 음주 운전 행위를 근절하여 교통 사고를 미연에 방지하는 데 중요한 역할을 하고 있다.

어떻게 고대 무덤 속 미라는
수천 년간 보존될 수 있었는가

1972년에 중국 창사[長沙]에서 세계를 놀라게 한 회한한 일이 생겼다. 마왕퇴한묘에서 2000여 년 전의 여자 미라가 발굴되었는데, 이 미라는 거의 썩지 않은 채였다. 이는 전세계 고고학자들과 각 분야 학자들의 큰 관심을 불러일으켰다.

이 2000여 년 전 여자 미라는 문자 기록으로 남은 것이 전혀 없었다. 과학자들이 다방면으로 조사하고 연구하고 추측한 바에 따르면, 이 미라가 2000여 년 간이나 썩지 않고 보존될 수 있었던 이유에는 아래와 같은 몇 가지 원인이 있을 수 있다고 한다.

우선 밀폐되었고 깊이 매장한 것이 극히 중요한 원인이다. 이 묘는 6층의 관곽으로 되어 있는데, 안의 3층은 관이고 밖의 3층은 곽으로 하나하나 덧넣었다. 관곽은 모두 통나무 판자로 만들었는데 못을 쓰지 않고 끼워 넣었다. 제일 큰 곽은 무게가 1.5톤이나 되었으며 밀폐가 매우 잘되었다. 관의 안팎에는 모두 기름을 칠하였고, 제일 밖의 곽은 백

마왕퇴한묘

회로 밀봉하였다. 그리고 겉에는 5톤 남짓 되는 목탄을 20cm 두께로 깔고 덮은 후 흙으로 무덤을 만들었다. 묘 꼭대기로부터 묘 바닥까지는 26m나 되었다. 이렇게 깊이 매장하면 관 속의 환경 조건이 상대적으로 안정될 수 있다.

다음으로 시신을 술로 처리하였고, 옷도 술로 처리했을 수 있다. 이렇게 하면 좀이 먹는 것을 방지할 수 있을 뿐만 아니라 일정하게 살균 작용도 할 수 있다. 또 죽은 사람에게 생전에 주사류화합물을 복용시켰고, 옷물감과 관에 칠한 기름에 주사를 섞은 것도 분해 효소의 작용을 억제했을 수 있다. 관 속에는 또 일부 약재들이 들어 있었는데, 이런 것은 아마 살균제로 놓아두었을 것이다.

그 밖에 고대 풍속 습관을 보면 매장할 때에는 꼭 석회나 목탄을 깔고 덮었는데, 이렇게 하면 시신이 매장 초기에 건조한 상태에 있게 되므로 시신을 보존하는 사전 처리 작용을 했을 수도 있다.

수천 년 전의 고대 미라가 지금까지 보존되어 온 사실로 볼 때 고대 사람들은 오래 전에 많은 화학 원리를 잘 알고 있었으며, 적지 않은 화학 재료를 써 왔다는 것을 알 수 있다.

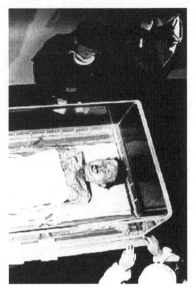

마왕퇴한묘 미라

21세기의 우리는
어떤 옷을 입을 것인가

인류는 21세기에 들어섰다. 21세기의 인류는 입는 면에서 어떤 변화가 일어날 것인가? 그것은 소비자들의 수요로부터 보아야 한다. 젊은층들은 수시로 색깔이 변하는 옷을 요구하고, 여행하는 사람들은 비도 막고 따뜻하면서 더위를 방지할 수 있는 옷을 요구하고, 야외에서 장기적으로 일하는 근로자들은 땀을 방지할 수 있는 옷을 요구하고, 갓 아기 엄마가 된 사람들은 오줌을 싸도 젖지 않고 악취가 나지 않는 바지를 요구할 것이다.

과학자들은 이미 이런 옷을 만들어 내고 있다. 한 인조 섬유 회사에서는 이미 변색 섬유를 발명해 냈다. 이런 변색 섬유로 만든 수영복은 물에 들어가면 적색이나 청색으로 변한다. 이런 섬유는 야외, 실내, 물속과 같은 온도가 다른 곳에서 다른 색깔로 변한다.

런던에서 거행된 한 축제에서 전문가들은 변색 옷을 전시했다. 옷장 안에 걸려 있는 새까만 옷을 꺼내어 입으니 여러 가지 색깔로 변했다. 원래 그 옷은 액체 결정을 함유한 감온 변색 옷감으로 만든 것이었다. 이런 옷감은 20℃에서는 적색이던 것이 33℃에서는 황색으로 변하고, 28 ~ 33℃ 사이에서 또 다른 여러 가지 색깔로 변할 수 있다. 이런 옷을 입었을 때 옷의 각 부위에 대한 사람 몸의 온도가 다르기 때문에 같은 옷에서도 색깔이 다양해진다.

과학자들은 또 감광 변색 섬유도 만들어 냈다. 이런 섬유로 만든 옷은 햇빛을 받으면 색깔이 변한다. 이런 옷은 실내에서는 단일 색상이었다가 햇빛 자외선의 작용을 받으면 청색과 자색의 꽃무늬가 나타난다.

사람들은 또 오랫동안 향기를 풍기는 옷감을 발명하였다. 이런 옷감으로 지은 옷은 향수를 뿌리지 않아도 여러 가지 향기를 풍기는데, 그 기간은 5 ~ 7년에 달한다.

미국의 화학자들은 또 공기 조절 성능이 있는 옷감도 만들어 냈다. 이런 옷감으로 만든 옷은 체온이나 주위 환경의 온도가 올라갈 때에는 열을 흡수하여 저장하고, 체온이나 주위 환경의 온도가 내려갈 때에는 저장한 열을 방출하기 때문에 인체는 일정한 온도를 유지하게 된다. 미국의 스키 선수들이 공기 조절 성능이 있는 이런 셔츠를 입어 보았는데 아주 편안하였다고 한다.

최근에 과학자들은 또 흡수성이 아주 강한 고분자 물질을 발명하였다. 측정에 의하면 이런 물질 1 g은 물을 1000 g이나 신속하게 흡수할 수 있다. 물을 흡수한 이런 물질을 짜도 물이 한 방울도 나오지 않는다. 이런 재료로 바지, 기저귀, 침대보 등을 만들면 어린애와 환자들에게 더없이 좋다.

이 밖에 전문가들은 또 녹차 중에서 플라보놀이란 물질을 추출해낸다. 이 물질은 암모니아 등의 구린내를 제거할 수 있다. 이런 물질을 옷감이나 흡습 재료에 바른다면 땀내가 나지 않는 옷이나 지린내가 나지 않는 바지를 만들 수 있다.

색깔이 변하고 향기가 남

온도를 보존함

물을 흡수하고
냄새를 제거함

우주 비행복은 어떤 성능을 가지고 있는가

여러분들은 텔레비전이나 그림에서 우주 비행사를 보았을 것이다. 우주 비행사들이 입고 있는 그 두툼한 우주 비행복에 대해 매우 신기하게 생각하고 흥미를 가졌을 것이다.

그럼 우주 비행복은 어떤 특별한 점이 있는가?

우주 비행사들의 옷을 만들려면 여러 가지 요소를 고려해야 한다. 우주 공간에는 치명적 위험 요인들이 많다. 온도가 급변하는 것도 인체는 받아내지 못한다. 이 밖에 우주 공간에는 지구 표면과 같은 특정한 대기압이 없다. 그러므로 우주 비행복은 최소한도의 복사선 방지 성능, 보온 성능과 일정한 기압을 유지하는 성능이 있어야 한다. 우주 비행복을 설계할 때에는 또 여러 가지 요소를 고려해야 한다. 예를 들면 우주 비행선이 이륙할 때나 지구를 멀리 떠났을 때의 중력의 크기 그리고 입은 후 행동하기 편리해야 하는 등이다.

제1세대의 우주 비행복은 1950년대에 생겼다. 우주 비행복은 두 층으로 되었는데, 안쪽층은 압력복이고, 바깥층은
보온복이다. 그 우주 비행복을 만든 주요한 재
료는 부드러운 옷을 만든 합성 섬유와 외각틀을
만든 알루미늄티탄 합금이다. 또 우주 비행복의
외각에는 열 방지 도료를 한 층 발랐다. 이런 우
주 비행복은 하늘에서 초저압, 저온, 복사 등의
침입을 막을 수 있었지만 그것이 너무 육중하고 특히 손발 등 부위를
자유롭게 움직일 수 없는 것이 결함이었다.

1960년대 중반에 이르러 제2세대 우주 비행복이 탄생하였다. 제2
세대 우주 비행복은 재료도 개선되고 겉옷의 활동성도 모두 개선되었
으며, 모자와 장갑에 베어링을 넣어 자유롭게 회전할 수 있게 되었다.

1970년대에 이르러서 제3세대 우주 비행복이 탄생하였다. 제일 뚜
렷한 변화는 생명 유지 계통을 배치한 것이다. 이런 우주 비행복을 입
으면 우주 비행사들이 비행선을 떠나 우주 공간에서 작업할 때 우주
먼지의 습격에 견딜 수 있게 되었다.

1990년대에 이르러 제4세대 우주 비행복이 태어났다. 우주 비행복
을 입으면 우주 공간에서 장기간 작업할 수 있다. 이런 우주 비행복의
발, 손, 다리 등 부위는 여러 층의 섬유와 수지로 만들고, 허리와 배 등
의 부분은 알루미늄 합금과 스테인리스 스틸로 만들었다. 이런 우주
비행복은 15년간 쓸 수 있다.

과학 기술의 발달에 따라 앞으로의 우주 비행복은 더욱 편안하고
안전하며 첨단화 될 것이다.

왜 배밑용 페인트는
보통 페인트와 다른가

금방 페인트칠을 한 새 배가 바다에 들어갔다. 겨우 3개월이 지났는데 배의 속도가 10%나 떨어졌다. 반년이 지나자 배의 속도는 갓 바다에 들어갔을 때의 절반밖에 안 되었다. 그럼 배의 엔진에 고장이 생겼는가? 배의 외각 강철판이 부식되었는가?

도크에서 배를 통째로 물 위에 끌어올리자 모든 것이 분명해졌다. 배의 온몸에 길다란 〈수염〉이 자라났던 것이다. 이 〈수염〉이 배의 전진을 방해하여 속도를 느려지게 한 것이다.

이 〈수염〉은 무엇인가? 바다에는 수많은 생물들이 살고 있다. 그 중 따개비, 굴, 섬조개 등과 같은 것은 보통 바닷물에 떠다닌다. 그러다가 배를 만나면 배 밑에 붙어서 점차 군체로 변한다. 그러면 더 이상 떠돌지 않고 배에 정착하여 생활을 한다. 특히 열대 해양에는 이런 군체 생물이 더욱 많으며, 그 생장 속도도 더 빠르다.

선체에 이런 것들이 다닥다닥 붙어 있으면 속도가 자연히 늘어진다. 조사에 따르면 물 밑에 잠긴 배 외부의 46% 면적에 이런 부착 생물이 평균 4 ㎜ 두께로 붙어 있으며, 동력을 5% 증가해야 원래의 속도를 유지할 수 있다고 한다.

이런 문제를 해결하기 위해 사람들은 산화구리, 수은 화합물, 주석 유기 화합물 등 독성 물질을 넣은 특수 페인트를 연구해 냈다. 이런 페인트를 선체에 바르면 생물들이 선체에 부착되었다가 금방 죽어 떨어지기 때문에 군체를 이루지 못한다.

유기화합물 →

보이지 않는 지문을
어떻게 알아내는가

지문이란 손가락 끝에 있는 땀샘의 피지선으로 이루어진 무늬를 가리킨다. 사람마다 지문은 다르다. 쌍둥이라 하여도 지문은 같지 않다. 때문에 지문은 사람을 구분해 내는 대표적인 표식이 되었다. 지문을 현상해 내는 기술은 표면 화학 반응 기술로써 경찰에서 사건 현장을 수사할 때 빼놓지 않은 중요한 조사 수단의 한 가지이다.

오늘날 전문가들은 여러 가지 첨단 기술을 이용하여 보이지 않는 지문 흔적을 기적적으로 현상시키고 있다. 그 중 간단한 지문 현상 실험 한 가지를 해보기로 하자. 깨끗한 백지에 엄지손가락을 눌러 지문을 찍는다. 얼핏 보아서는 어떤 흔적도 찾기 어렵다. 유리 시험관에 쌀알만한 요오드덩어리를 두 알 넣고 약한 불로 가열하여 요오드가 증기로 변하게 한다. 이 때 요오드 증기가

나오는 시험관 끝에 지문을 찍은 종이를 가져다 대어 요오드 증기가 천천히 종이면을 통과하게 한다. 좀 지나면 백지에 지문이 똑똑히 나타난다.

그럼 요오드 증기는 어떻게 보이지 않는 지문의 흔적을 나타낼 수 있는가? 일반적으로 손가락에는 적은 양의 유지가 묻어 있다. 이런 물질은 피부 표면의 피지선에서 분비된다. 사람은 하루 사이에 피부를 통해 약 15 ~ 40g의 유지를 분비한다. 사람이 종이를 쥘 때 유지가 종이에 묻어난다. 그러나 그 양이 아주 적기 때문에 맨눈으로는 잘 보이지 않는다. 유지와 물은 친화력이 아주 약하므로 쉽게 혼합되지 않는다. 그러나 요오드와 유지는 좋은 친구 사이다. 분자 구조가 서로 비슷해서 요오드는 유지에 쉽게 용해된다. 요오드의 색깔은 아주 짙어서 미량의 요오드 증기가 용해되어도 종이에 찍힌 손가락의 유지 분비물이 선명한 색깔로 물든다. 그리하여 종이에 담황색의 지문 흔적이 나타난다.

그런데 비누로 손을 깨끗이 씻었을 때에는 손가락에 유지가 거의 없으므로 요오드로 검정하여도 결과를 보기 어렵다. 하지만 손으로 머리카락이나 얼굴을 몇 번 문지른 다음 위에서 소개한 대로 실험을 하면 처음과 마찬가지 결과를 얻을 수 있다.

왜 체조 선수들은 경기 전
손바닥에 흰 가루를 묻히는가

체조 경기에서 균형이 잡힌 체구와 발달한 근육을 소유한 체조 선수들이 펼치는 갖가지 동작들은 사람들에게 힘과 아름다움을 한껏 즐길 수 있게 한다. 그런데 체조 선수들은 경기에 나서기 전에 손바닥에 흰 가루를 묻히거나 운동 기구에 흰 가루를 바르곤 한다. 그럼 그들이 손바닥에 묻히는 흰 가루는 무엇이고, 그들은 왜 흰 가루를 묻히는 것일까?

체조 선수들이 손바닥에 묻히는 흰 가루의 화학명은 탄산마그네슘인데 마그네슘 가루라고도 한다. 탄산마그네슘은 비교적 가벼운 분말 상태의 흰 고체로 흡수성이 아주 좋다. 선수들은 경기 전에 긴장 등의 원인으로 손바닥에 땀이 많이 난다. 손바닥에 땀이 나면 마찰력이 약해져 실력을 정상적으로 발휘하지 못하거나 운동기구를 움켜쥔 손이 미끌어져 선수가 바닥에 떨어지는 등의 실수를 저지르거나 부상을 당할 수도 있다. 탄산마그네슘을 손바닥에 묻히면 손바닥의 땀을 흡수하고 운동 기구와 손바닥 사이의 마찰력을 증대시키기 때문에 선수가 실력을 제대로 발휘할 수 있게 한다.

경험이 있는 선수들은 또 마그네슘 가루를 손바닥에 묻히는 시간을 이용하여 긴장된 심리 상태를 조절하고 동작 요령을 다시 되새겨보는 등 여유를 가지기도 한다. 이렇게 마음을 충분히 정리한 다음 경기에 나서면 좋은 성적을 낼 수 있다.

탄산마그네슘 가루는 체조 경기에서뿐만 아니라 역도 경기에서도 필수품으로 사용된다.

얼핏 보기에 보잘것없는 물질인 것 같은 탄산마그네슘은 사실 선수들에게 더없이 귀중한 필수품인 것이다.

어떻게 실리카 겔은 색이 변하는가

공기를 건조시키는 한 가지 방법은 건조제를 사용하는 것이다. 건조제는 공기 중의 수증기를 흡수하는 성질을 가지고 있다. 옛날에 사람들은 생석회를 이용하여 약재나 찻잎 등의 습기를 제거하기도 하였다. 현재 화학 실험실에서는 진한 황산을 건조제로 사용한다.

그런데 염기성을 띠는 생석회와 산성을 띠는 황산은 모두 부식성이 강하기 때문에 건조제로서는 사용 범위가 넓지 못하다. 예를 들어 고급 카메라를 보관할 때 생석회나 황산을 건조제로 사용하면 카메라가 이런 물질에 부식될 수도 있다.

부식성과 독성은 없고 흡습성이 강한 고체 건조제는 없는가?

때때로 물품을 사들고 집에 와서 포장을 열어 보면 안에 종이나 천으로 만든 작은 주머니 모양의 포장물이 있는 것을 보게 된다. 이 작은 포장물 속에 들어 있는 물질이 바로 고효과성 고체 건조제인 실리카 겔(silica gel)이다.

규산나트륨과 산을 반응시키면 실리카 겔이 생성된다. 다시 실리카 겔을 건조, 탈수시키면 반투명한 다공성 고체인 실리카 겔이 된다. 실리카 겔의 크기는 콩알만하지만 구멍이 무수히 많아 표면적이 아주 크다. 때문에 수분에 대한 흡착 작용이 아주 강하다. 실리카 겔의 흡수량은 자체 질량의 40%에 달한다. 실리카 겔을 건조제로 사용하면 독성과 냄새, 부식성이 없는 것뿐만 아니라 재활용할 수 있다는 장점도 있다. 즉 습기를 받은 실리카 겔을 건조기 안에 넣고 120℃에서 말리거나 햇빛에 말리면 다시 사용할 수 있다.

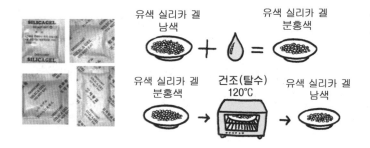

실리카 겔을 제조할 때 염화코발트 용액으로 처리하면 색이 변하는 실리카 겔을 얻을 수 있다. 실리카 겔이 남색을 띠었을 때에는 수분을 흡수하지 않은 상태이고, 분홍색을 띠었다면 수분을 포화 상태로 흡수한 상태이다. 따라서 분홍색 실리카 겔을 건조기나 햇빛에 말려 수분을 제거하면 남색을 띠게 되고 재차 건조제로 사용할 수 있다.

그러므로 화학을 모르는 사람이라 해도 실리카 겔의 색깔만 보고 그 상태를 판단할 수 있다.

소낙비가 내린 후에는
왜 공기가 특별히 신선한가

소낙비가 내린 후 거리나 들을 거닐면 공기가 아주 신선한 감을 느낄 수 있는데, 이것은 다음과 같은 두 가지 원인 때문이다. 하나는 비가 공기를 〈샤워〉시켜 공기 중의 먼지를 깨끗이 씻어내기 때문이다. 다른 하나는 번개가 칠 때 공기 중의 산소가 오존 (O_3, ozone)으로 화학적 변화를 하기 때문이다.

오존도 산소 원소로 조성되었다. 산소 분자 1개에는 산소 원자가 2개 있지만 오존 분자에는 산소 원자가 3개 있다. 그럼 오존은 어디에서 오는가?

오존을 탄생시키는 것은 고압 전기 불꽃이다. 모터(motor), 복사기 및 텔레비전 등 전자 설비에서는 모두 고압 전기 불꽃이 생긴다. 이런 전기 기구의 주위에 있는 산소는 여기(勵起, excitation)되어 오존으로 변한다.

소낙비가 올 때에도 오존이 이렇게 생긴다. 소낙비는 실제상 양전하를 띤 구름과 음전하를 띤 구름이 부딪칠 때 발생하는 방전 현상이다. 구름이 띤 전하는 아주 많아 그 전위차가 보통 몇 억 내지 몇 십억 볼트에 달한다. 때문에 거대한 전기 불꽃이 생기면서 산소를 여기시켜 오존으로 변화시킨다.

오존은 담청색을 띠고 특이한 냄새가 나며, 매우 강한 산화 능력을 가지고 있다. 오존은 표백 작용과 살균 작용을 한다. 요즘 음료수를 생산하는 공장에서는 오존으로 소독한다.

오존이 희박하게 있을 때에는 사람들에게 신선한 감을 준다. 소낙비가 내린 후 공기 중에 존재하는 소량의 오존이 공기를 정화하기 때문에 공기가 신선해진다.

이 밖에 소나무에 있는 많은 송진도 쉽게 산화되어 오존을 방출하기 때문에 요양소를 소나무 숲속에 건설하면 좋다.

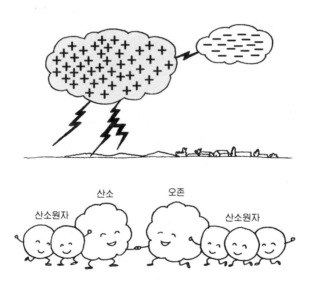

왜 공업도시에서는
스모그(smog)가 생기는가

　　1943년 어느 날 미국 로스앤젤레스 시의 하늘은 담청색 연기로 뒤덮였다. 적지 않은 시민들은 숨쉬기가 힘들어지고 눈이 벌겋게 부었으며, 비염과 후두염에 걸린 환자가 갑자기 늘어났다. 1952년 11월에 이 도시에는 또 한 번 유사한 사건이 일어나 65세 이상의 노인 400여 명이 사망하였다. 공기 중에 무엇이 생겼는가? 이 신비한 〈독가스〉는 어디에서 왔는가?

　공기 중에 있는 질소산화물 등 해로운 기체가 일정 농도에 도달하면 태양 광선의 작용으로 일련의 복잡한 화학 반응을 하면서 생성하는 해로운 기체들이 담녹색의 연기를 형성한다. 이런 기체는 인체의 코, 후두, 기관과 폐와 같은 호흡 계통을 강하게 자극하면서 호흡기 계통 질병을 일으킨다. 일본, 캐나다, 호주, 네덜란드 등 세계의 적지 않은 나라들의 대도시에서도 유사한 사건이 일어났다.

　그런데 이런 〈독성〉 안개는 왜 공업이 발달한 대도시에서 발생하는가? 과학자들은 이런 〈독성〉 안개를 광화학 스모그(smog)라고 한다. 공업도시는 자동차 폐가스와 공장 폐가스의 배출량이 많고 집중된다. 이는 광화학 오염이 생기는 물질적 기초이다. 이런 폐가스를 일차 오염물이라고 하는데, 그 속에는 주로 질소산화물과 탄화수소화합물이 있다. 1차 오염물은 태양 광선(파장이 310㎜인 자외선)의 작용으로 인한 광화학 반응을 일으키면서 오존, 포름알데히드 등의 2차 오염물을 생성한다. 2차 오염물이 일정 농도에 이르면 연기 모양의 오염을 형성한다. 광화학 오염은 인체 건강에 영향을 줄 뿐만 아니라 식물에 해를 끼치고 심지어 고무 제품을 노화시키고 안료를 퇴색시킨다.

광화학 스모그가 생기는 것은 또 도시의 지리 환경, 기온, 풍속 등 여러 가지 요소와도 밀접하게 관계된다. 예를 들면 로스앤젤레스에서 광화학 스모그가 여러 번 생긴 것은 그 도시가 삼 면이 산으로 둘러싸인 지리적 특수성과도 깊은 연관이 있다. 그러나 일반적인 상황에서 공장 폐가스와 자동차 폐가스를 과량으로 배출하는 것이 광화학 오염의 주요 원인이다.

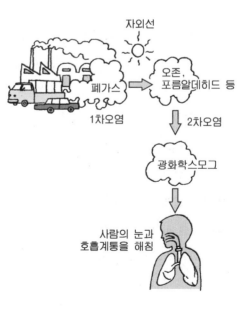

왜 복사기를 사용할 때 통풍에 각별히 주의해야 하는가

대부분의 기업, 기관, 학교들에는 모두 복사실이 있다. 그러나 복사실에서 일할 때에는 통풍에 각별히 주의해야 한다.

복사기가 작동할 때면 고압 방전 현상이 생긴다. 이때 생기는 오존 기체는 공기를 오염시키는 물질로서 인체 건강에 매우 해롭다. 오존은 산소의 이성체이다. 산소는 냄새가 없다. 산소 분자는 산소 원자 2개로 구성되었다. 그 분자식은 O_2이다. 그러나 오존은 고기 비린내와 같은 자극성 냄새가 난다. 오존 분자는 산소 원자 3개로 구성되었다. 그 분자식은 O_3이다. 오존은 자극성 냄새가 있을 뿐만 아니라 화학적 성질이 아주 활발하여 강한 산화성을 가지고 있다.

복사기를 사용할 때 고압 방전에서 방출하는 에너지는 산소를 오존으로 변화시킨다. 그 반응은 $3O_2 \rightleftarrows 2O_3$으로 표시할 수 있다. 복사기 외에도 영사기, 텔레비전 등 고압 방전 설비 및 자외선등, 엑스레이(Xray) 등도 오존을 생성한다. 소량의 오존은 일정한 소독 살균 기능이 있다. 예를 들면 소나무 숲속이 아침에 공기가 특별히 신선한 것은 소나무가 분비하는 송진이 산화될 때 소량의 오존을 생성하기 때문이다. 그러나 오존이 일정 기준치를 초과할 때면 사람의 뇌신경을 파괴하고 면역 기능을 파괴하여 기억력을 감퇴시킨다. 그리고 세포 염색체를 변이시키고 임신부가 기형아를 낳게 한다. 오존은 또한 발암물질이기도 하다. 때문에 오존이 사람에게 미치는 악영향을 낮게 평가해서는 안 된다.

복사기에서 생기는 오존은 아주 적기 때문에 혹시 접촉한다 하여도 인체에 큰 해를 끼치지 않는다. 그러나 복사기를 장기간 사용하면서 통풍에 주의하지 않는다면 실내에 모인 오존 농도가 기준치를 초과하여 사람의 건강에 뚜렷한 영향을 끼친다. 때문에 복사기를 사용할 때 통풍에 각별히 주의해야 한다.

왜 사람들이 불건성 접착제를
즐겨 쓰게 되었는가

접착제 종류 중에서 불건성 접착제는 사람들이 가장 즐겨 사용하고, 사용 범위가 가장 넓은 접착제 중의 하나가 되었다. 불건성 접착제란 말 그대로 마르지 않는 접착제를 말한다. 그렇다면 마르지 않는 접착제는 대체 어떤 용도가 있어서 사람들이 즐겨 사용하는 접착제가 되었는가?

불건성 접착제가 처음 개발되어 나왔을 때에는 사람들에게 그다지 환영을 받지 못했다. 일찍이 1964년 미국 3M사의 한 화학자는 불건성 접착제의 배합 방법을 개발하게 되었다. 이런 접착제로 물건을 붙이면 붙기는 하지만 마르지 않기 때문에 시간이 오래 지나도 붙였던 물건을 다시 뗄 수 있었다. 당시 이 화학자는 이런 접착제의 구체적인 용도는 결정하지 못했지만 행여나 하는 생각에 전매 특허를 신청하여 기술 특허를 가지게 되었다.

그런데 9년이 지나도록 이 새로운 특허 기술에 대하여 문의하는 사람이 나오지 않았다. 그러던 중 1973년에 3M사의 접착제 신제품 개발 팀에서 이 기술의 가치에 흥미를 가지고 연구하기 시작하였다. 그들은 이런 접착제를 늘 사용하는 상표의 뒷면에 바르고 그 윗면에 파라핀을 살짝 발라 같은 크기의 다른 종이를 붙여 놓았다. 이리하여 세계 최초의 불건성 접착제 제품이 탄생하게 되었다. 이 제품은 사용시에 뒷면의 종이를 뜯고 아무 곳에나 붙여 놓을 수 있었으므로 아주 편리하게 수시로 사용할 수 있었다.

그 후 이 연구팀은 어린이 놀이용 그림과 같이 불건성 접착제를 사용하는 여러 가지 상품을 계속 개발함으로써 불건성 접착제의 편의성과 특징을 점차 사람들에게 알리게 되었고, 나중에는 전세계에 보급되어 불건성 접착제의 사용량이 급증하게 되었다.

오늘날 종이 상자와 같은 포장물을 붙이거나 묶을 때 가장 편리하게 사용하는 것이 바로 불건성 접착제를 바른 것이다. 상점에서 사용하는 가격표, 공장에서 제품에 붙이는 상표, 접착용 메모지 등에도 모두 불건성 접착제를 사용한다. 공장에서 도금을 하거나 페인트칠을 할 때에도 비가공 부분에는 투명한 불건성 접착제로 처리하여 보호한다.

변색 안경은
어떤 원리로 변하는가

　　무더운 여름날 햇빛이 쨍쨍한 날이나 추운 겨울 눈이 하얗게 내린 날이면 센 광선이 눈을 자극하는 것을 방지하기 위해 색안경을 낀다. 그러나 보통 색안경은 단점이 있다. 색안경을 끼면 좀 어두운 곳에서 물건을 똑똑히 볼 수 없다. 더욱이 근시 안경이나 돋보기를 끼는 사람은 색안경을 끼기가 더욱 불편하다. 이런 모순을 해결할 방법이 없는가?

　　변색 안경의 렌즈는 특수한 변색 기능을 가지고 있다. 그것은 광선의 강약에 따라 렌즈 색깔의 짙은 정도를 자동적으로 변화시킨다. 주위의 광선이 아주 강할 때에는 렌즈가 자동적으로 어두워지고 광선이 일정한 정도로 약해질 때에는 자동적으로 무색 투명해진다. 그리고 이런 변화는 가역적(可逆的)으로 진행된다. 변색 렌즈에는 도수 없는 렌즈, 근시 렌즈 또는 돋보기 렌즈가 있다. 이런 변색 렌즈로 만든 안경은 햇빛 아래서는 변색 안경이 되는데, 광선이 강하면 강할수록 그 색깔이 더 짙어지고 빛의 투과율도 더 낮아진다. 그러나 이런 안경을 끼고 집안으로 들어가 환경 광선이 약해지면 보통 안경으로 변한다. 이로부터 변색 안경은 색안경과 보통 안경 두 가지를 합쳐 놓은 안경이란 것을 알 수 있다.

그럼 변색 안경은 어떻게 자동적으로 변색하는가? 원래 변색 렌즈를 만들 때 감광제로 할로겐화은을 적당히 넣는다. 변색 렌즈 중의 할로겐화은은 알갱이가 아주 작은 결정 상태로 렌즈에 골고루 분산되어 있다. 그러므로 일반적인 광선이 비칠 때에는 산란 현상이 나타나지 않아 보통 렌즈처럼 투명하고 밝다. 그러나 조금 강한 광선이 비칠 때에는 할로겐화은이 할로겐 이온과 은 이온으로 분해된다. 분해된 은 이온은 광선에 대해 반사 작용이나 산란 작용을 한다. 이런 불투명한 작고 검은 점이 사방에 골고루 분포되고 그 수량이 일정한 정도에 달하면 렌즈가 어두워져 투명도가 내려간다. 이 밖에 변색 렌즈에 산화구리를 아주 조금 넣는다. 산화구리는 센 빛 아래에서 할로겐화은의 분해를 가속화시키는 촉매 작용을 한다.

할로겐화은 결정 미립자는 강한 빛 아래에서 분해되지만 그 분해된 할로겐 이온과 은 이온이 서로 아주 가까이에 있다가 외계의 강한 빛이 없어지면 다시 할로겐화은으로 결합되어 렌즈는 투명한 상태를 회복한다. 광선의 세기가 반복적으로 변하면 렌즈의 색깔도 반복적으로 변하므로 변색 렌즈는 장기간 사용할 수 있다.

위에서 설명한 변색 원리는 변색 렌즈에 쓰일 뿐만 아니라 자동차의 유리나 건축물의 창문 유리에도 쓰이고 있다.

어떻게 야광 시계는 빛을 내는가

밤에 야외에서 일하는 사람들이 야광 시계를 차면 시계 바늘과 글자가 담녹색의 형광을 내기 때문에 시간을 똑똑히 볼 수 있다. 야광 시계는 왜 빛을 내는가?

원래 야광 시계의 바늘과 글자판의 눈금에 방사성 물질과 황화아연이나 황화칼슘으로 조성된 발광 물질을 바른다. 황화아연이나 황화칼슘은 백색 분말이다. 이런 물질은 햇빛이나 불빛을 받을 때 일부 에너지를 흡수하기 때문에 광원이 없어진 후에도 여전히 옅은 녹색 형광을 내보낸다. 이런 빛은 열량을 거의 느낄 수 없기 때문에 찬빛이라고도 한다.

그런데 이런 찬빛은 광원이 없어지면 얼마 후에는 어두워지고 없어진다. 그러므로 시계에 바르는 발광 물질에는 에너지를 끊임없이 제공할 수 있는 방사성 물질을 조금 넣는다. 예를 들면 탄소 - 14, 유황 - 35, 스트론튬 - 90, 탈륨 - 204 및 라듐 또는 폴로늄의 동위 원소 등이다. 이런 물질들은 육안으로 볼 수 없는 방사선을 미량으로 끊임없이 내보낸다. 이런 방사선의 에너지를 받으면 황화아연이나 황화칼슘은 담녹색의 찬빛을 끊임없이 내보낸다. 찬빛을 내보내는 능력을 높이기 위해 앞에서 설명한 발광 물질에 또 소량의 인광(燐光) 재료를 넣는다. 예를 들면 만분의 1의 염화구리나 황산구리를 넣으면 발광하는 세기가 배로 증가된다. 만일 인광 재료로 소량의 염화망간이나 질산을 넣는다면 내보내는 빛이 오렌지색이나 청색으로 변한다.

야광 시계는 발광 물질을 일상 생활에 응용하는 하나의 작은 실례에 불과하다. 이 밖에 플라스틱에 발광 물질을 섞어 각종 발광 플라스틱 제품을 만든다. 예를 들면 밤에 보이는 전기 기구 스위치, 문의 손잡이, 전화 다이얼 등과 같은 것이다. 또 도자기, 유리, 페인트 등 재료에 발광 재료를 섞어 발광 기구를 만들 수 있다. 이런 발광 물질의 도움을 받아 사람들은 밤중에 탐사하거나 길을 가는 등 편리한 생활을 하게 되었다.

어떻게 모기약은
모기를 쫓을 수 있는가

여름이 되면 모기가 달려들어 사람들을 귀찮게 한다. 우리는 모기의 공격을 피하기 위해 종종 여러 가지 모기약을 쓰고 있다. 이런 약은 모기를 죽이거나 쫓을 수 있지만 인체에는 해가 없다.

그럼 모기약은 어떻게 모기를 쫓는가?

사실 모기약에는 모두 피레트린이 들어 있다. 최초의 피레트린은 제충국(除蟲菊)이라는 식물에서 채취해 냈다. 피레트린은 대부분의 해충들을 다 죽일 수 있지만 사람이나 포유 동물에게는 해가 없고 안전하다.

1940년대에 화학자와 생물화학자들은 연합으로 피레트린이 모기를 잡을 수 있다는 사실을 밝혀냈다. 피레트린 분자는 특수한 구조를 가지고 있다. 이런 구조를 가진 분자가 해충들의 몸에 묻으면 해충들의 신진 대사가 심각하게 교란되면서 견디기 힘들어지고, 심하면 곧

Pyrethin I   Pyrethrin II

죽게 된다. 그러나 이런 구조를 가진 분자는 사람에게는 아무런 작용
도 일으키지 못한다.

1949년, 미국 화학자가 처음으로 천연 피레트린과 분자 구조가 비
슷한 유기 물질을 합성해냈다. 이 물질은 피레트린과 마찬가지로 해충
은 죽일 수 있지만 사람에게는 아무런 작용도 없었다. 그 후 화학자들
은 피레트린을 대체할 수 있는 유기 물질을 속속 합성해냈는데, 어떤
것은 천연 피레트린보다 효과가 더 좋았다.

왜 X선 촬영실의 기사들은
납옷을 입는가

X선은 1895년에 독일 물리학자 뢴트겐(Wilhelm Conrad Röntgen, 1845~1923)이 처음으로 발견한 것이다. 눈에 보이지 않는 이 방사선은 검은 종이나 유리를 뚫고 나갈 수 있을 뿐만 아니라 금속이나 인체도 뚫고 나가 사진 필름을 감광시킬 수 있다. 때문에 X선 투시는 병원에서 흔히 쓰는 진단 수단이 되었다. X선 진단은 값이 싸고 간편하며 속도가 빠르고 효과적이기 때문에 내과, 외과 등에서 환자의 상태를 진단하는 기초검사로 활용하고 있다.

X선 촬영실의 기사들은 사진을 찍을 때 납으로 만든 옷을 입는데 이는 왜일까? X선 투시는 흔히 방사성 물질로 진행한다. 그런데 방사성 물질은 병을 진단하고 치료할 수 있는 동시에 또 인체에 해도 줄 수 있다. 이것은

뢴트겐

방사선 복사는 인체의 정상적인 세포를 손상시키고 죽일 수도 있기 때문이다. 만약 인체 조직이 대량의 방사선 복사를 받는다면 많은 세포들이 죽게 된다. 만약 새로운 세포가 제때에 그 부분을 대체하지 않으면 복사를 받은 조직은 곧 죽어 버리게 된다. 그 밖에 대량으로 방사선 복사를 받으면 일부 정상적인 세포가 암세포로 바뀔 수 있다.

그러나 소량으로 방사선을 접촉하면 일반적으로는 별 문제가 없다. 실제로 인체 내부에는 천연적인 방사선 동위 원소가 존재하며, 체내에서 1분에 평균 수백만 번에 달하는 방사성 붕괴가 생긴다. 우리 주위의 토지, 건축물, 공기와 식물 등에도 모두 일정한 정도의 방사성 물질이 존재한다. 그런데 X선 촬영실에서 작업하는 기사들은 매일 같이 X선을 접촉하기 때문에 상응한 보호 조치를 취하지 않으면 과량으로 X선을 접촉하게 되어 건강에 위해가 될 수 있다. X선은 많은 물체를 통과할 수 있지만 납은 통과하지 못한다. 때문에 X선 촬영을 하는 기사들이 납으로 만든 옷을 입으면 인체가 X선 복사를 받는 것을 효과적으로 방지할 수 있다.

어떻게 외과 수술 후의
봉합실은 인체에 흡수되는가

외과 수술 후에는 실로 수술 자리를 봉합하게 된다. 그런데 흥미있는 것은 혈관이나 신경, 내장 등을 봉합하는 봉합실은 인체에 흡수될 수 있는 재료로 만든다는 것이다. 이런 봉합실을 쓰면 수술 후 실을 뽑는 번거로움을 덜 수 있다. 그럼 어떤 재료로 봉합실을 만들기에 인체가 그것을 흡수할 수 있는가?

외과에서 쓰는 봉합실은 보통 동물성 단백질로 만든다. 인체 내에서 단백질은 충분히 소화 흡수된다. 우리가 평소에 육류나 생선에서 섭취하는 단백질은 단백질 가수 분해 효소의 작용으로 고분자가 작은 분자로 분해된 후 인체에 소화 흡수된다.

단백질로 만든 봉합실로 상처를 봉합했을 때 환자들은 종종 상처가 아물기 전에 조금씩 통증을 느낄 때가 있다. 인체에는 여러 가지 효소가 있는데 생물 촉매인 이런 효소가 봉합실의 분해를 촉진시킨다. 상처가 완전히 아물기 전에 봉합실이 분해되면서 봉합한 자리가 벌어지기 때문에 아프게 된다. 때문에 이런 봉합실은 이상적인 수술 봉합실이 아니다.

　그래서 과학자들은 빨리 분해되지 않으면서도 인체에 완전히 흡수될 수 있는 새로운 재료를 연구하기 시작하였다. 지속적인 연구 끝에 과학자들은 마침내 이상적인 폴리아세트락티드란 고분자 재료를 개발해 냈다. 이 재료는 인공적으로 합성한 섬유이다. 이 섬유는 인체의 특정한 산·알칼리성 조건에서도 단백질 가수 분해 효소의 영향을 받지 않고 천천히 스스로 분해된다. 이 재료의 분해 속도는 재래식 봉합실의 분해 속도보다 훨씬 늦기 때문에 일정한 시일 동안은 수술자리가 벌어지지 않아 환자가 통증을 덜 느끼게 된다. 그러나 새 살이 다 돋아난 후에는 완전히 분해되어 인체에 흡수된다.

　그럼 이런 합성 재료는 인체에 해롭지 않은가? 이는 절대 불필요한 걱정이다. 왜냐하면 이 합성 재료는 분해될 때 체내의 효소를 소모하지 않고 분해된 후의 잔여물도 인체 대사에 영향을 미치지 않으며, 최종적으로 체외로 배출되기 때문이다.

　그 밖에 각종 내장 기관의 상처 회복 속도와 상처가 회복되는 데 요구되는 조건이 각기 다르기 때문에 각 장기를 봉합하는 데 필요한 여러 가지 특성을 지닌 합성 재료를 개발하는 것이 앞으로의 과제로 남아 있다.

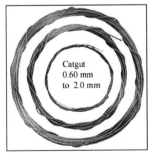

Catgut
0.60 mm
to 2.0 mm

수술용 봉합실(catgut)

방독면은 어떻게 방독할 수 있는가

1915년 4월, 제1차 세계 대전 기간의 어느 날이었다. 흐린 날씨는 쌀쌀했고 바람이 솔솔 불어왔다. 영국과 프랑스 연합군 병사들은 참호 속에 웅크리고 앉아 전장의 고요 속에서 잠시나마 휴식을 취하고 있었다.

이 때 독일군 진지로부터 갑자기 황록색을 띤 기체가 연합군 진지로 몰려왔다. 아무런 방비도 하지 않고 있던 병사들은 삽시간에 혼란에 빠졌다. 가는 곳마다 기침 소리, 아우성소리가 울려 퍼졌다.

독일군 진지로부터 바람을 타고 건너온 것은 '염소' 라는 유독성 기체였다. 이는 인류가 현대 전쟁에서 처음 사용한 독가스였고, 이 때로부터 화학전의 서막이 서서히 열렸다.

화학 무기로 사용되는 독성물은 염소 한 가지뿐만이 아니다. 예를 들면 신경성 중독을 일으키는 탈린, 피부를 썩게 하는 이페리트, 사람을 질식시켜 죽이는 염화카르보닐이 있다. 각종 독성물을 대처하기 위해 과학자들은 기나긴 연구를 거듭해 왔다. 하지만 각종 독성물을 소독하는 소독제를 찾는 것만으로는 부족하였고, 거의 모든 독성물에 대처할 수 있는 방법과 수단을 모색해 내야 했다.

과학자들은 연구를 통해 대부분의 독성물은 상온에서 액체나 고체 상태로서 끓는점이 비교적 높으나 호흡에 필수적인 산소는 끓는점이 아주 낮다(-183℃)는 것을 발견하였다. 끓는점이 낮다는 것은 분자들 사이의 결합력이 약하다는 것을 말하며, 끓는점이 높다는 것은 분자들 사이의 결합력이 세다는 것을 말해 준다.

과학자들은 독성물과 산소의 차이점을 이용하여 이런 독성물을 효과적으로 제거할 수 있는 한 가지 물질 - '활성탄'을 발견해 냈다. 공기를 차단한 조건에서 나무나 복숭아 껍질 등 탄소

활성탄

를 함유한 물질을 태워 목탄을 얻고 목탄에 수증기를 통과시켜 목탄의 모세관 내에 남아 있는 유지를 제거하면 구멍이 크고 표면적이 큰 목탄을 얻을 수 있다. 이것이 바로 활성탄이다.

검고 둥글며 작은 알갱이 또는 분말 상태의 활성탄은 아주 큰 표면적을 가지고 있다. 1g의 활성탄의 표면적은 1000㎠가 넘는다. 활성탄은 각종 분자, 특히 분자 사이의 결합력이 큰 분자들을 흡착한다. 이런 성질을 이용하여 각종 독성물을 흡착할 수 있는 방독면을 발명했다.

현재 사용되고 있는 방독면은 대부분 여과식 방독면이다. 이런 방

독면은 얼굴을 가리는 부분과 정화통 등으로 이루어졌다. 정화통은 연기 여과층, 충진층 등으로 이루어졌다. 연기 여과층에는 독성 연기, 독성 안개 등 알맹이가 비교적 큰 고체나 액체가 여과되고 활성탄을 넣는 충진층에서는 공기 중 독성물의

방독면

증기가 여과된다. 방독 효과를 높이기 위해 활성탄을 은, 구리, 크롬 등의 물질이 함유된 용액에 담가 활성탄 표면에 미량의 산화은, 산화구리, 산화크롬이 감싸게 한다. 독성물이 활성탄 표면에 흡착되면 산화은, 산화구리, 산화크롬의 촉매 작용으로 독성물은 산소와 반응하여 무독성 물질로 전환된다. 여과, 흡착, 소독되면서 산소는 지속적으로 공급된다.

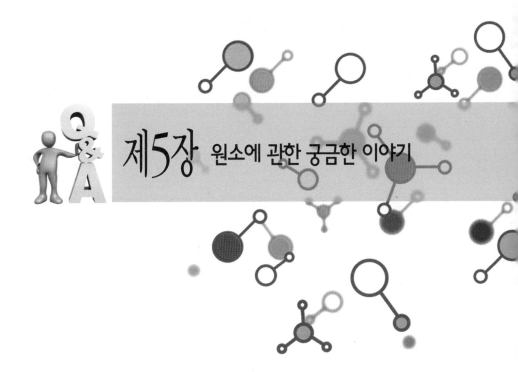

제5장 원소에 관한 궁금한 이야기

왜 세상의 물질은 모두 원소로 이루어졌다고 하는가

세상의 물질은 무엇으로 이루어졌는가? 과학의 발전과 더불어 사람들은 무수히 많은 물질들을 분석하는 과정에서 각양 각색의 물질들이 결국은 탄소, 수소, 산소, 질소, 철과 같은 간단한 물질들로 이루어졌다는 것을 발견하였다. 또 이러한 물질들을 이용하여 인공 합성 방법으로 수많은 복잡한 물질들을 얻을 수 있다는 것도 알게 되었다. 사람들은 이런 가장 기본적인 물질을 원소라고 명명하였다.

지금까지 인류가 발견한 원소는 109종에 달한다. 그 중에서 원자번호 93 원소부터 109 원소까지는 모두 인공적인 방법으로 얻은 것인데, 109 원소는 1982년에 비로소 발견하였다.

사람들은 109종밖에 안 되는 원소로 어떻게 세상의 헤아릴 수 없이 많은 물질이 만들어질 수 있는지 믿어지지 않을 것이다. 한글을 보면 'ㄱ, ㄴ, ㄷ, ㄹ… ㅏ, ㅑ, ㅓ, ㅕ…'등 기본 자모로 이루어져 있다. 한

글 자모수는 109종의 원소 개수보다 적지만 이러한 자모로 만들어지는 우리말 단어는 수십만 개에 달한다.

원소도 예외가 아니다. 109종의 원소들이 서로 다른 종류, 다른 양으로 〈결합〉된다면 헤아릴 수 없이 많은 복잡한 물질들이 만들어진다. 화학자들은 이렇게 만들어지는 물질을 화합물이라고 명명하였다. 지금까지 알려진 화합물은 무려 3백만 종이 넘는다. 우리가 흔히 접하는 각종 물질 대부분이 원소 자체가 아니라 이러한 원소들이 서로 결합되어 이루어진 화합물들이다. 예를 들어 물은 수소와 산소 두 가지 원소로, 일산화탄소와 이산화탄소는 산소와 탄소 두 가지 원소로 이루어져 있다. 메탄가스, 휘발유, 디젤유, 바셀린 등은 탄소와 수소 두 가지 원소로, 알코올, 설탕, 지방질, 녹말 등은 탄소, 수소, 산소 3가지 원소로 이루어져 있다.

지구상의 물질뿐만 아니라 지구 밖 다른 천체의 물질도 모두 원소로 이루어져 있다. 놀라운 사실은 다른 천체의 물질을 이루고 있는 원소와 지구의 물질을 이루고 있는 원소들을 하나하나 대조해 보면 이것들이 모두 똑같다는 것이다.

물질을 구성하는 최소 입자는 무엇인가

사탕을 물 속에 넣으면 얼마 지나지 않아 사탕은 보이지 않으나 그 물은 단맛이 난다. 주유소 부근에 이르면 휘발유 냄새를 맡을 수 있다. 이러한 현상들로부터 우리는 물질은 눈에 보이지 않는 입자들로 이루어지지 않았을까 하는 생각을 가지게 된다.

화학자들은 연구를 거쳐 많은 물질들은 각자의 분자들로 이루어졌다는 것을 발견했다. 예를 들어 사탕은 사탕 분자들로 이루어졌으며, 물, 산소, 알코올 등도 각각의 분자들로 이루어졌다.

그렇다면 분자란 무엇인가? 사탕이 달다는 것은 다 아는 사실이다. 10g의 사탕도 달고, 그것을 5g, 2.5g, 1.25g으로 나누어도 여전히 달다. 만일 그것을 우리의 눈으로 볼 수 없는 분자 상태까지 계속 나누어도 여전히 사탕의 성질은 변하지 않는다. 사탕 분자는 더 작게 나눌 수 있다. 예를 들어 사탕을 가열하면 탄소와 물 등의 물질로 분해된다. 그러나 이 때에는 사탕이 다른 물질로 변했기 때문에 사탕의 성질은 없어진다. 이로부터 분자는 그 물질의 성질을 가지는 입자라는 것을 알 수 있다. 같은 분자는 같은 성질을 가지고 있고 다른 분자는 다른 성질을 가지고 있다.

그러면 분자는 얼마나 큰가? 물질에 따라 분자의 크기는 각기 다르며 그 크기 차이는 몇 백만 배에 달한다. 탄수화물, 단백질 등의 분자들은 아주 크기 때문에 〈고분자〉라고 부르고, 수소나 산소 등의 분자들은 아주 작아 눈으로 볼 수 없기 때문에 미립자라고 부른다.

크고 작은 분자들은 또 더 작은 미립자들인 원자로 이루어졌다. 물 분자는 수소 원자 두 개와 산소 원자 한 개로, 수소 분자는 수소 원자 두 개로 이루어졌다. 각 원자들은 분자와는 달리 크기 차이가 뚜렷하지 않다. 탄수화물이나 단백질의 분자가 아주 크다는 것은 그것들이 수많은 원자들로 이루어졌기 때문이다.

이 밖에 원자 자체도 직접 물질을 구성할 수 있다. 예를 들어 철, 구리, 금, 은 등 금속들은 각각 철 원자, 구리 원자, 금 원자, 은 원자로 이루어졌다. 이로부터 분자와 원자는 모두 물질을 구성하는 가장 작은 입자들이라는 결론을 내릴 수 있다.

분자와 원자는 아주 작고도 가볍다. 예를 들어 물 분자 한 개의 질량은 겨우 0.0000000000000000000003(3×10^{-23}) g쯤밖에 안 된다. 즉 그램을 단위로 할 때 소수점 뒤에 22개의 '0'을 달아 주어야 한다는 것이다.

물 분자가 이렇게 작으므로 물 한 방울 속에 들어 있는 물 분자수는 물론 헤아릴 수 없을 정도로 많다. 그럼 물 한 방울 속에 얼마나 많은 물 분자가 들어 있는가? 1000명의 사람이 1초마다 물 분자를 한 개씩

꼬박 1년 동안 세어 보아도 물 한 방울 속에 들어 있는 물 분자 총수의 5백억분의 1밖에 세지 못한다. 이로써 물 분자가 얼마나 작은가 알 수 있을 것이다.

새로운 원소를
더 발견할 수 있는가

원소의 발견사는 길고도 사연이 많다. 1869년에 러시아의 화학자 멘델레예프가 원소 주기율표를 작성하였을 때 인류는 63종의 원소밖에 발견하지 못했다.

현대에 와서 스펙트럼 분석 기술이 활용되면서부터 새로운 원소 발견의 붐이 일었다. 세계 각지의 바닷물과 강물, 각양 각색의 광석, 토양을 스펙트럼 분석하는 과정에서 새로운 원소들이 연이어 발견되었다. 1940년 이전까지 원소 주기율표에는 원자 번호 43, 원자 번호 61, 원자 번호 85, 원자 번호 87 원소들의 자리만 비어 있었을 뿐 이미 92종의 원소들이 자리를 차지하고 있었다. 그리하여 어떤 사람들은 원자 번호 92인 원소 우라늄이 제일 마지막으로 발견되는 원소일 것이라고 생각하기도 했다.

화학자들이 새로운 원소를 찾지 못해 애간장을 태우고 있을 때 물리학자들은 실험실에서 연이어 새로운 원소들을 발견했다. 1937년에 원자 번호 43인 원소 테크네튬(Tc)을, 1939년에는 인공 합성 방법으로 원자 번호 87인 원소 프랑슘(Fr)을, 1940년에는 원자 번호 85인 원소 아스타틴(At)을 발견했다. 아스타틴을 발견한 후 몇 년이 지나도록 원자 번호 61인

스펙트럼 분석기

원소는 여전히 종적을 나타내지 않았다. 그러던 1945년에 과학자들은 우라늄(U)의 핵분열 부산물에서 이 원소를 발견하고 프로메튬(Pm)이라고 명명하였다. 그리하여 당시의 주기율표에서 비어 있던 4개의 자리를 전부 메울 수 있게 되었다. 1940년에는 또 원자 번호 93인 원소 넵투늄(Np)과 원자 번호 94인 원소 플루토늄(Pu)을 발견하였다.

그 후부터 몇 해씩 건너 새로운 원소들이 실험실에서 계속 발견되었다. 1944년부터 1954년까지의 10년 사이에 과학자들은 순차적으로 원자 번호 95번부터 100번까지 6종의 원소들을 합성해 냈는데, 아메리슘(Am), 퀴륨(Cm), 버클륨(Bk), 칼리포르늄(Cf), 아인슈타이늄(Es), 페르뮴(Fm)이었다.

1955년에는 원자 번호 101 원소 멘델레븀(Md), 1961년에는 원자 번호 103 원소 로렌슘(Lr)이 발견되었고, 1964년에는 원자 번호 104 원소(Ung)를 구소련에서 처음 발견했고, 1970년에는 원자 번호 105 원소(Unp), 1974년에는 원자 번호 106 원소(Unh), 1976년에는 원자 번호 107 원소(Uns)를 합성하였다. 그 후 원자 번호 108 원소(Uno)와 원자 번호 109 원소(Une)도 발견되었고, 실험실에서 원자 번호 110 원소와 원자 번호 111 원소를 발견했다는 보도도 있다.

그럼 새로운 원소를 또 발견할 수 있는가? 사실 원자 번호 93번 원소 뒤의 원소들은 모두 인공적으로 얻은 방사성 원소들이다. 방사성 원소들은 공통적인 성질 즉 쉽게 변화하는 성질을 가지고 있는데 방사선을 내보내고 다른 원소로 변하는 것이다. 어떤 것은 이런 변화가 빠르고, 어떤 것은 느리다. 화학자들은 이런 변화를 반감기라는 개념으로 설명한다. 반감기란 한 가지 방사성 원소 원자 개수의 절반이 다른 원소로 붕괴될 때까지 걸리는 시간을 말한다.

과학자들은 원소의 번호가 클수록 반감기가 더 짧다는 법칙을 발견하였다. 예를 들어 원자 번호 98 원소의 반감기는 470년이지만 원자 번호 99 원소의 반감기는 19.4일밖에 안 된다. 원자 번호 100 원소의 반감기는 15시간, 원자 번호 101 원소의 반감기는 약 30분밖에 안 된다. 원자 번호 103 원소의 반감기는 약 8초밖에 안 되며, 원자 번호 107 원소의 반감기는 천분의 1초도 안 된다.

이로써 원자 번호 110 원소의 반감기는 백억분의 1초도 안 될 것으로 예측된다. 그러므로 반감기가 더 짧은 원소를 발견하기란 그만큼 어렵다는 것을 알 수 있을 것이다.

그런데 최근에 나온 한 가지 이론에 근거하여 어떤 과학자들은 지금 발견하지 못한 원소들 중 어떤 독립적이고 안정한 원소가 존재할 것이라고 예언하고 있다. 이를테면 원자 번호 114 원소, 원자 번호 126 원소, 원자 번호 164 원소가 이런 원소들일 것이라고 예언하지만, 이 이론의 정확성 여부는 앞으로의 연구를 통해서 실증될 것이다.

무엇을 방사성 원소라고 하는가

1896년, 프랑스의 물리학자 베크렐(Henri Becquerel, 1852~1908)의 실험실에서 이상한 일이 발생했다. 잘 봉해 놓은 필름이 영문도 모르게 감광되고, 형광 재료인 황화아연도 영문을 알 수 없는 연한 녹색의 빛을 냈다.

베크렐은 여러 가지 방법으로 원인을 찾던 중 이러한 현상은 유리병에 넣은 황색의 결정체 황산우라닐칼륨이 눈에는 보이지 않는 방사선을 방출하기 때문이라는 것을 밝혀냈다.

베크렐

베크렐의 연구에 퀴리 부인이 관심을 보였다. 퀴리 부인(Marie Curie, 1867~1934)은 남편 피에르 퀴리(Pierre Curie, 1859~1906)와 함께 1898년에 새로운 원소 폴로늄(Po)과 라듐(Ra)을 발견하였다. 이 두 가지 원소는 우라늄보다 더 강한 방사선을 방출하는 물질이다. 과

퀴리 부부

학자들은 우라늄, 폴로늄, 라듐 등과 같이 자연적으로 방사선을 방출하는 원소를 방사성 원소라고 명명하였다. 그 후 과학자들은 자연적인 것과 인공적인 방사성 원소들을 계속 발견하였다.

방사성 원소가 방출하는 방사선은 아주 무서운 존재로서 쪼임 강도가 세면 세포를 죽이고, 건강을 해치기까지 한다. 베크렐은 직접 그 피해를 당했었다. 어느 날 그는 강연하러 가면서 라듐염을 담은 용기를 호주머니 속에 집어넣었다. 그런데 며칠이 지나서 호주머니에 닿았던 살가죽에 시뻘건 반점이 생겨났다. 피에르 퀴리는 방사선의 성질을 연구하고자 자신의 손가락을 실험용으로 삼았다. 그는 손가락 끝에 방사선을 쪼이면서 그 변화를 관찰하였는데 처음에는 손가락이 뻘겋게 변하더니 다음에는 궤양이 생기고 살이 썩어들어가기 시작하였는데, 몇 달이 걸려서야 겨우 치료되었다.

현재 의학계에서는 라듐 외에 코발트 - 60, 요오드 - 132, 인 - 32와 같은 방사선 원소를 이용하여 종양을 치료하고 있다. 의학자들은 또 이러한 방사성 원소들을 〈지시 원자〉로 질병 진단에 이용하기도 한다. 만약 환자에게 〈지시 원자〉를 극소량 함유하고 있는 〈약〉을 먹이거나 주사액을 주사하면 이런 방사성 물질들에서 내보내는 방사선이 신체 속을 뚫고 나와 〈방사선 감시 진단기〉에 〈위치〉를 알려준다. 그러면 의사들은 신체의 어느 곳에 병변이 일어났는지를 알아낼 수 있다. 방사선 물질은 또 강철 제련 시간, 합금 구조 검사, 파이프 미세 구멍 검사, 지하수 탐사 등 여러 분야의 생산과 연구에도 널리 이용되고 있다.

원소의 주기율은
어떻게 발견되었는가

1886년에 독일의 화학자 빙클러(Clemens Alexander Winkler, 1838~1904)는 새로운 원소 게르마늄(Ge)을 발견했을 때 아래와 같은 실험 자료를 얻었다.

빙클러

1. 원자량 : 72.3amu

2. 비중 : $5.47 g/cm^3$

3. 염산에 용해되지 않음

4. 산화물의 화학식은 GeO_2

5. 산화물의 비중은 $4.70 g/cm^3$

6. GeO_2은 수소를 통과시키면서 가열하면 금속으로 환원됨

7. $Ge(OH)_2$은 약알칼리성을 띰

8. $GeCl_4$은 액체로서 끓는점은 86℃이며, 비중은 1.887이다.

그런데 누구도 이런 원소가 존재하는지를
모르고 있던 1871년에 러시아의 화학자 멘
델레예프(Dmitry Ivanovich Mendeleyev,
1834~1907)가 일부 원소들의 성질과 특징을
정확하게 예언했는데, 그 가운데에 게르마늄
도 포함되어 있었다. 당시 멘델레예프는 이
원소에 대하여 이렇게 예언했다.

멘델레예프

1. 원자량 : 72 amu
2. 비중 : 5.5g/㎤
3. 금속, 염산에 용해되지 않음
4. 산화물의 화학식은 MO_2(당시 게르마늄 원소를 발견하지 못했으
   므로 M으로 이 원소를 표시했음)
5. 산화물의 비중은 4.7g/㎤
6. 산화물은 쉽게 금속으로 환원됨
7. 수산화물은 아주 약한 알칼리성을 띰
8. 화학식이 MCl_4인 염화물은 액체이며, 끓는점은 100℃이고, 비중
   은 약 1.9이다.

실험 수치와 예언 수치를 비교해 보면 멘델레예프의 예언이 얼마나
정확했는가를 알 수 있다. 멘델레예프가 예언하기 전에 과학자들은 이
미 원소를 60여 개나 발견했다. 원소가 도대체 얼마나 많은가를 알기
위하여 과학자들은 원소들 사이에 어떤 규칙성이 있는가를 탐구하기

시작하였는데, 어떤 과학자들은 원소의 물리적 성질에 근거하여 분석하기도 하였지만 그다지 긍정적인 성과를 거두지는 못했다.

멘델레예프는 앞선 과학자들의 경험을 토대로 원소들의 고유한 속성 즉 외계 조건의 영향을 받지 않는 원자량과 원자가에 근거하여 원소들 사이의 내재적인 연계를 찾는 새로운 연구 방법을 모색했다. 그는 먼저 이미 알려진 원소들의 원자량과 원자가를 분석하였다. 멘델레예프는 원소들의 각종 특성들을 종합하는 과정에 원소의 주기성을 발견하고, 이 주기성을 응용하여 원소의 주기율표를 만들었다.

주기율표에서 각각의 원소들의 위치로부터 그 원소의 성질을 알 수 있었으므로 멘델레예프는 게르마늄의 존재를 이렇게 예언했었다. 이 원소의 왼쪽에는 원자량이 69.72인 갈륨(Ga), 오른쪽에는 원자량이 74.92인 비소(As), 위쪽에는 원자량이 28.08인 규소(Si), 아래쪽에는 원자량이 118.71인 주석(Sn)이 위치해 있었고, 이 네 가지 원소의 평균 원자량은 72.86이다.

후에 빙클러가 발견한 게르마늄의 원자량은 72.3으로 멘델레예프의 예언이 정확했다는 것을 실증했다. 이것은 절대 우연한 발견이 아니라 법칙에 따른 것이었다. 같은 방법으로 멘델레예프는 3가지 원소를 예언했는데, 그 후 20년도 못 가서 이 3가지 원소는 전부 발견되었으며, 그 원소들 모두 예언한 것에 아주 근접한 것이었다.

원소의 주기율 발견은 각 원소들간의 고립적이고도 무질서한 상태를 결합시켜 사람들이 과학적인 눈으로 원소 내부의 자연 법칙을 인식하도록 하는 데 크게 기여하였다.

왜 중수소를
미래의 연료라 하는가

 지금 인류의 주 연료는 석유이다. 이 밖에 우라늄, 토륨 등 핵연료가 있다. 그럼 미래의 연료는 어떤 것인가?

미래의 연료 가운데 제일 매혹적인 것은 중수소일 것이다.

우라늄과 토륨 등 중원소가 분열 반응을 할 때면 거대한 에너지인 원자 에너지를 방출한다. 원자력 발전소는 이런 에너지를 쓴다. 그런데 열핵반응은 분열 반응과 반대로 중수소와 초중수소의 원자핵이 핵융합 반응을 하면서 거대한 에너지를 방출한다. 중수소 1kg이 핵융합을 하여 헬륨으로 변할 때 방출하는 에너지는 석탄 4만 톤이 연소할 때 방출하는 에너지와 같다. 이것은 우라늄 1kg이 분열할 때 방출하는 에너지보다 20배나 많다.

중수소는 수소의 동위 원소이다. 중수 분자는 중수소 원자 두 개와 산소 원자 1개로 구성되었다. 바닷물에는 평균 각 6000개 물 분자 중에 한 개의 중수 분자가 있다. 바닷물 각 1*l* 에는 대략 0.02g의 중수소가 포함되어 있다. 이것이 핵융합을 할 때 방출하는 에너지는 대략 400 kg의 석유가 연소할 때 방출하는 에너지와 같다. 지구 상의 바닷물 총량은 13.7억 ㎦이다. 그러 므로 바닷물 중의 중수소 총저장량은 대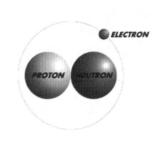

략 25만억 톤이 되는데, 이것은 석유 5경 톤에 해당한다. 이 정도의 석 유라면 지구 표면을 1000 ㎞ 두께로 한 층 덮을 수 있다. 그러므로 인 류가 중수소의 열핵 에너지를 이용하게 되면 에너지 원천이 무궁무진 할 것이다.

그럼 왜 중수소는 미래의 연료인가? 왜 지금은 그것을 쓰지 못하는 가? 열핵반응은 통제하기 어렵다. 지금 인류는 열핵반응을 통제하는 기술을 완전하게 장악하지 못하였다. 다 알다시피 수소탄의 거대한 위 력은 열핵반응에서 생긴 것이다. 이런 열핵반응이 일어나기만 하면 거 대한 폭발이 일어난다. 이 때 생기는 거대한 에너지는 순간적으로 방 출되기 때문에 산을 폭발하여 광석을 채굴하는 데 이용할 수 있을 뿐 다른 데는 지속적으로 이용하기 어렵다. 열핵반응을 통제하여 거대한 에너지를 서서히 방출하게 해야만 인류가 보통 사용하는 형식(예를 들면 전기 에너지)으로 전환시켜 이용할 수 있다.

최근 과학자들은 레이저 빛을 이용하여 열핵 융합 반응을 시키는 실험에 성공하였다. 이는 열핵반응을 통제하는 데 있어서의 난제 한 가지를 해결한 것이다. 향후 열핵반응을 통제하여 중수소가 인류를 위 해 공헌할 수 있게 될 것이다.

왜 공기는 여러 가지 물질로
이루어졌다고 하는가

1771년의 어느 하루, 스웨덴의 약사 셸레(Carl Wilhelm Scheele, 1742~1786)는 약방 실험실에서 흰인[白燐]을 가지고 실험을 하였다. 그는 물속에서 고무처럼 생긴 자그마한 흰인 덩어리를 꺼내어 빈 유리병 속에 집어넣었다. 공기 중에서 자연적으로 연소하면서 눈부신 빛을 내는 성질을 가지고 있

셸레

는 흰인은 이번에도 유리병 속에서 연소하면서 강한 빛을 발산하였다. 유리병 속에는 곧 흰 연기가 가득 차면서 오산화인이라는 백색의 가루가 생성되기 시작하였다. 셸레가 유리병 입구를 막아 놓았기 때문에 처음에는 세차게 연소하던 흰인이 얼마 지나지 않아 꺼졌다. 셸레는 유리병을 거꾸로 물 속에 집어넣고 마개를 열었다. 이 때 유리병 안으로 물이 올라오더니 유리병 부피의 1/5 양만큼 올라와서는 멎는 것이었다. 거듭되는 실험을 하여도 유리병 안으로 1/5만큼 물이 차고 멎는

똑같은 현상이 반복되었다.

셸레는 유리병 안의 공기를 연구하기 시작하였다. 그는 물 속에서 유리병 주둥이를 막은 다음 물 밖으로 유리병을 꺼내어 조심스레 마개를 열고 나머지 공기가 들어차 있는 유리병 속에 다시 흰인 덩어리를 집어넣었다. 그러나 이번에는 흰인이 연소하지 않았다. 그는 또 조심스레 실험용 쥐를 유리병 속에 집어넣었다. 실험용 쥐는 마구 날뛰면서 발작하더니 얼마 지나지 않아 죽는 것이었다. 여러 번 같은 실험을 하여도 결과는 마찬가지였다.

현대 화학의 창시자인 프랑스의 화학자 라부아지에(Antoine Laurent de Lavoisier, 1743 ~1794)는 셸레가 진행한 실험 현상을 주목하고 반복되는 실험과 연구를 거쳐 끝내 그 비밀을 밝혀냈다. 그는 유리병 속에서 1/5 부피만큼 없어진 기체는 〈산소〉라고 하는 물질이고, 나머지 기체는 〈질소〉이

라부아지에

며, 산소는 연소를 돕고 질소는 연소를 돕지 못한다는 결론을 내렸다.

훗날 아주 정확한 측정을 거쳐 과학자들은 건조한 공기 속에서 부피 비례로 산소가 약 21%를 차지하고 질소가 약 78%, 불활성 기체가 약 0.94%, 이산화탄소가 약 0.03%, 기타 물질이 약 0.03%를 차지한다는 것을 알아냈다.

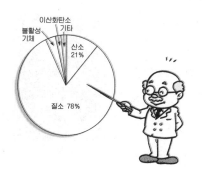

지구상의 산소는 다 쓸 수 있는가

지구상의 사람이나 동물은 매일 산소를 들이마시고 이산화탄소를 내보낸다. 어른 한 사람은 매일 이산화탄소 $400l$ 를 내보낸다.

이렇게 오래 되면 산소를 다 써버리고 지구는 이산화탄소의 세계로 변하지 않을까?

이것은 잘못된 생각이다. 문제의 한 면 즉 산소를 소모하고 이산화탄소를 생성하는 면만 보고 문제의 다른 한 면 즉 이산화탄소를 소모하고 산소를 생성하는 면을 보지 못했던 것이다.

스위스 과학자 제네비어(Senebier, 1742 ~1809)는 다음과 같은 실험을 하였다. 그는 일부 식물의 푸른 잎을 채집하여 물에 담근 후 햇볕에 놓아두었다. 잎들은 작은 기포를 끊임없이 내보냈다. 제네비어는 이런 기체를 시험관에 수집하

제네비어

였다. 이 기체는 무엇인가? 제네비어는 연소하고 있는 나무개비를 시험관 안에 넣었다. 나무개비는 맹렬하게 연소하면서 눈부신 빛을 냈다. 시험관 안의 기체는 산소이고, 이 산소가 연소를 돕기 때문이다.

이어서 제네비어는 물에 이산화탄소를 불어넣었다. 그는 불어넣은 이산화탄소가 많을수록 나뭇잎이 내보내는 산소가 더 많다는 것을 발견하였다. 제네비어는 다음과 같은 결론을 얻어냈다. 햇빛의 작용으로 식물은 탄소 동화 작용에 의하여 산소를 배출한다.

지구의 드넓은 바다와 숲, 초원, 끝없이 펼쳐진 들에는 다음과 같은 비밀이 숨겨져 있다. 햇빛 아래 식물의 푸른 잎은 공기 중의 이산화탄소와 수분으로 영양분인 녹말과 포도당 등을 합성하는 동시에 산소를 방출한다. 이것을 〈광합성 작용〉이라고 한다.

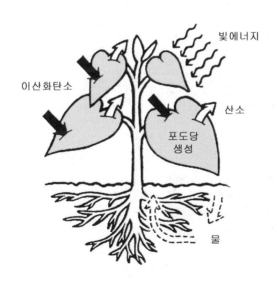

계산에 의하면 큰 유칼리나무 3그루가 매일 흡수하는 이산화탄소의 양은 한 사람이 매일 배출하는 이산화탄소의 양과 대략 같다. 해마다 전세계의 녹색 식물은 공기 중에서 대략 몇 백억 톤의 이산화탄소를 흡수하는 동시에 상응하는 부피의 산소를 생성한다.

그러므로 세계는 영원히 이산화탄소의 세계로 변하지 않는다. 측정에 의하면 몇 100년 내 대기 중의 이산화탄소의 함량은 조금 증가되었을 뿐이다. 그러나 우리가 환경을 보호하지 않고 삼림을 마음대로 채벌한다면 대기 중의 이산화탄소 함량이 일정한 한도를 넘게 되어, 인류에게 커다란 재해를 가져다 줄 것이다. 이것은 확실히 방지해야 한다.

산소

이산화탄소

제6장 물질과 화학에 관한 뜻밖의 이야기

왜 물은 연소하지 못하는가

물이 연소하지 못한다는 것은 다 아는 사실이지만 왜 연소하지 못하는지 물으면 정확하게 대답하는 사람이 많지 않을 것이다. 이 문제를 풀기 위해서는 먼저 연소란 어떤 것인지 이해해야 한다.

연소란 물질이 산소와 격렬하게 화합하는 과정을 말한다. 흰 인과 같은 물질은 상온에서 자연적으로 연소하지만 석탄, 수소, 유황과 같은 물질들은 상온에서 연소하지 못하고 일정한 온도에 도달해야만 연소한다.

겉보기에 알코올, 휘발유, 등유와 물은 모두 무색의 투명한 액체로 크게 다른 점을 찾아 보기 어렵지만, 그 조성을 분석해 보면 알코올은 탄소와 수소, 산소 세 가지 원소로, 휘발유와 등유는 모두 탄소와 수소 두 가지 원소로 이루어져 있다. 탄소를 함유한 대부분의 화합물은 연소할 수 있다. 알코올, 휘발유 등은 연소하면 한 개의 탄소 원자가 두 개의 산소 원자와 결합하여 한 개의 이산화탄소 분자로 변하고 두 개의 수소 원자는 한 개의 산소 원자와 결합하여 한 개의 물 분자로 변한다. 탄소 원자가 모두 이산화탄소로 변하고 수소 원자가 모두 물 분자로 변하면 연소는 끝난다.

여기까지 읽으면 물이 왜 연소하지 못하는가를 알 수 있을 것이다. 물은 수소 원자와 산소 원자로 이루어져 있다. 즉 물은 수소가 연소할 때 산소와 결합하여 생성되는 물질이므로 산소와 결합할 수 있는 능력이 더 이상 없다.

같은 원리로 이산화탄소 역시 탄소가 연소할 때 산소와 결합된 마지막 생성물이므로 더는 연소하지 못한다. 이산화탄소는 연소를 돕지 못할 뿐만 아니라 밀도가 공기보다 무겁기 때문에 불을 끄는 데 이용된다.

물과 마찬가지로 영원히 산소와 결합하지 못하는 다른 물질들도 있다. 이런 물질들은 아무리 가열하여도 산소와 결합하지 못하므로 역시 연소하지 못하는 물질이라고 말한다.

〈드라이 아이스〉는 얼음인가

　　일찍이 미국 텍사스에서 괴이한 일이 발생했다. 어느 날 유정 탐사원들이 시추기로 땅에 구멍을 뚫을 때였다. 갑자기 지하로부터 압력이 높은 기체가 뿜어 올라오면서 작업장 주위의 온도가 낮아졌다. 호기심에 찬 탐사원들은 눈사람을 만들면서 신기해 했었다. 그런데 이상하게도 피부에 물집이 생기거나 손이 까맣게 변했다.

　　이 흰색의 물질은 눈이 아니라 〈드라이 아이스〉였다. 드라이 아이스는 얼음이 아니다. 드라이 아이스는 물이 응결된 것이 아니라 이산화탄소가 응결된 것이다. 이산화탄소를 강철통에 넣고 압력을 가하면 물과 같은 액체로 변한다. 온도를 더욱 낮추면 이산화탄소는 겨울철의 눈과 같은 흰색의 고체로 변하는데 이것을 드라이 아이스라고 한다.

그러나 드라이 아이스는 눈송이보다 더 보드랍다. 드라이 아이스는 -78.5℃ 이하에서 존재하기 때문에 피부에 닿으면 피부가 동상을 입을 수 있다. 만일 손이 동상을 입으면 피부색이 까맣게 되면서 반점이 생기고 며칠 후부터 썩기 시작한다.

드라이 아이스를 방 안에 놓으면 잠깐 사이에 없어진다. 그것은 드라이 아이스가 고체 상태로부터 기체 상태로 재빨리 변화되기 때문이다. 드라이 아이스는 상온에서 액체 상태를 거치지 않고 직접 기체로 변하는데, 이런 현상을 '승화'라고 한다.

드라이 아이스가 승화할 때 주변 온도가 급속히 내려가면서 공기 중의 수증기를 응결시켜 안개를 형성하는 재미있는 성질이 있다. 드라이 아이스의 이런 성질을 이용하여 영화를 찍을 때 주위에 드라이 아이스를 뿌리면 안개가 낀 듯한 모습을 얻을 수 있다. 또한 가뭄이 심할 때 비행기로 하늘에 떠 있는 구름 위에 드라이 아이스를 뿌려 인공적으로 비를 만들어내기도 한다.

왜 다이아몬드는 특히 단단한가

검은 흑연과 빛이 반짝반짝 나는 다이아몬드(diamond)는 모두 탄소로 구성된 자연계의 물질이지만 형태와 성질은 완전히 다르다. 흑연은 아주 연하여 종이에 가볍게 그어도 검은 흔적을 남기므로 연필심 재료로 줄곧 사용해 오고 있다. 그러나 다이아몬드는 모든 광물질 가운데에서 경도가 가장 높은 물질이기 때문에 유리칼이나 시추기의 드릴, 경도가 아주 높은 금속을 가공하는 바이트(bite)로 널리 이용되고 있다.

이 두 가지 물질은 모두 탄소로 이루어져 있지만, 왜 경도에서 이토록 큰 차이를 보이는가?

흑연 분자 중의 탄소 원자들은 층층이 배열되었는데 각층의 원자 사이의 결합력이 아주 작기 때문에 쌓아 놓은 트럼프 카드처럼 쉽게 미끌어져 흩어진다. 그러나 다이아몬드의 탄소 원자들은 서로 어긋나게 물려서 모두 다른 네 개 탄소 원자와 긴밀하게 연결되어 견고한 결정을 이루기 때문에 아주 단단하다.

지구 심층부의 용암 속에 있는 탄소 원자들은 아주 높은 온도와 거대한 압력에 의해 자연적인 결정화 과정을 거쳐 다이아몬드로 변한다. 때문에 천연 다이아몬드는 일반적으로 지구 심층부에 매장되어 있으며 생산량이 아주 적어 값이 매우 비싸다.

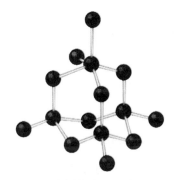

다이아몬드(diamond)

흑연은 보통 압력에서 탄소가 안정 상태이다. 하지만 다이아몬드는 2000℃ 이상의 고온과 5만 기압의 초고압에서 안정하다. 최근에 이러한 변화를 이용해 그와 비슷한 조건의 온도와 압력으로 흑연을 가공하여 인공적으로 다이아몬드를 생산하고 있다.

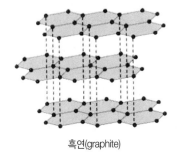

흑연(graphite)

왜 보석은 다양한 색깔을 띠는가

보석은 아름답고 귀하여 옛부터 사람들의 귀중품으로 취급되어 왔다. 그토록 아름다운 보석의 색깔은 어떻게 생기는 것인가?

과학자들은 화학 분석과 스펙트럼 분석을 통해 보석이 여러 가지 아름다운 색깔을 띠는 것은 보석 속에 금속들이 함유되어 있기 때문이라는 것을 밝혀냈다. 보석 속에 들어 있는 금속의 종류와 양에 따라 나타내는 색깔도 달라진다. 어떤 보석에는 한 가지 금속만 들어 있지만 어떤 보석 속에는 여러 가지 금속이 들어 있다. 예를 들어 루비(ruby, 홍보석)와 검푸른 색 보석은 모두 크롬을 함유하고 있고, 청록색을 띠는 네프라이트(nephrite, 연옥) 속에는 구리가 함유되어 있으며, 주홍색의 애거트(agate, 마노) 속에는 철이 함유되어 있다. 보석 속에 함유되어 있는 이런 금속 화합물들은 광선의 일부 색은 흡수하고 나머지 색은 반사해 버리기 때문에 여러 가지 아름다운 색을 띤다.

또한 어떤 보석의 색깔은 보석 내부 원자들의 배열에 의해 결정되기도 한다. 예를 들어 래피스 래줄리(lapis lazuli, 청금석)가 푸른 색을 띠고, 가닛(garnet, 석류석)이 황록색을 띠는 것은 이런 보석들의 결정체 내부에 있는 각 금속 원자들의 분포와 배열이 다르기 때문이다.

아름다운 보석의 일부는 인공적으로 염색한 것이다. 보석을 염색하는 방법은 아주 특이하다. 고대에 그리스인과 로마인들은 애거트를 먼저 꿀 속에 넣고 몇 주일간 끓이다가 꺼내어 말끔히 씻은 다음 황산 용액에 넣고 몇 시간 끓이는 방법으로 붉은 색이나 거무스름한 색에 줄무늬가 돋은 보석을 얻었다. 우랄 산 지역 토착민들의 염색 방법은 더욱 특이하였다. 브라운 쿼츠(brown quartz, 연수정)는 빵 속에 넣고 불에 굽는 방법으로 희귀한 금황색을 띠게 만들었다.

과학 기술이 발달한 지금은 라듐 방사선과 자외선을 이용하여 보석을 염색하고 있다. 이를테면 사파이어(sapphire, 청옥)에 라듐 방사선을 쪼이면 격렬한 변화를 거쳐 금황색의 보석을 얻을 수 있으며, 분홍색의 수정에 자외선을 쪼이면 오렌지빛을 띠는 보석을 얻을 수 있다.

지금까지 보석이 색깔을 띠는 문제를 완전히 해명하지 못했지만 이미 알고 있는 지식과 기술을 이용하여 천연 보석과 아주 흡사한 인공 보석을 만들 수 있다. 이렇게 만든 보석은 장식용이나 관상용으로뿐만 아니라 시계, 계량기, 베어링 등의 재료로도 많이 쓰이고 있다. 예를 들어 분사식 비행기의 엔진만 보더라도 수백 개에 달하는 보석 베어링이 사용되고, 시계에도 루비가 사용되고 있다.

왜 진주는 반짝반짝 빛이 나는가

진주는 조개류의 체내에서 자라는 천연 보석이다. 물 속에서 모래알이나 기생충과 같은 이물질이 조개 몸체 내에 들어가면 조개 체내에서 분비되는 케라틴과 탄산칼슘에 꽁꽁 싸이게 된다. 시일이 오래 되면 이런 물질은 점점 커져 진주알이 된다. 진주는 색깔이 아름답기 때문에 값비싼 장신구로 쓰이고 있다.

그럼 왜 진주는 반짝반짝 빛이 나는가?

진주의 표면은 한 층 한 층 매끌매끌한 교질(colloid)에 싸여 있는데, 이것이 곧 희귀한 진주층이다. 진주층에 함유되어 있는 각종 성분을 진주질이라고 한다. 진주질의 90% 이상은 탄산칼슘이고, 나머지는 유기질, 일부 금속 원소와 미세한 양의 수분이다. 고체와 액체의 입자들은 매끌매끌한 진주층으로 하여금 빛굴절성을 좋게 한다. 그러므로 빛이 비칠 때 진주는 반짝거리게 된다.

진주질은 불안정하기 때문에 진주는 일정한 수명을 가지고 있다.

일반적으로 진주의 수명은 100년이다. 시간이 오래 지나면 진주층에 함유되어 있던 수분이 없어지면서 진주는 빛을 잃게 되고 나중에는 변색되고 말라 결국은 가루가 된다. 고대의 진주가 오늘에까지 전해지지 못하는 주요 원인이 바로 여기 있다.

진주는 보통 백색, 연한 황색, 연한 남색, 분홍색 4가지 색으로 존재한다. 그 중 분홍색 진주가 가장 귀하다. 분석에 의하면 진주층에 함유되어 있는 단백질 색소의 한 가지인 포르피린(porphyrin)은 금속 원소와 결합하여 포르피린체를 형성한다. 포르피린체 내의 금속에 따라 진주의 색깔도 달라진다. 이를테면 분홍색 진주에는 나트륨과 아연이 많이 함유되어 있고, 연한 황색 진주에는 구리와 은이 많이 함유되어 있다. 이 밖에 진주층 내의 포르피린체 함유량에 따라 진주의 색깔도 진한 것과 연한 것이 있다.

진주는 장신구에 쓰이는 것 외에 귀한 약재로도 쓰인다. 동의보감에 의하면 진주는 정신을 진정시키고 눈을 맑게 하며 얼굴을 젊어지게 하고 귀머거리를 낫게 한다고 한다.

왜 물질은 차가운 물보다 뜨거운 물에 더 많이 용해되는가

사탕 한 알을 입안에 넣으면 금방 단맛을 느끼지만 돌덩이를 입안에 넣으면 아무리 지나도 맛을 느끼지 못한다. 원리는 아주 간단하다. 사탕은 물에 용해되지만 돌은 물에 용해되지 않기 때문이다.

엄격히 말하면 지구상의 모든 물질은 물에 용해되는 정도가 다를 뿐 절대적으로 용해되지 않는 물질은 없다. 예를 들어 은그릇에 물을 담았을 때 십억분의 몇 정도의 은이 물에 용해된다. 이토록 적은 양은 화학자들도 분석해 내기 힘들지만 바다의 조류(藻類), 균류(菌類) 등 하등 생물을 죽일 수 있는 양으로는 충분하다.

모든 물질은 용해될 때 다 자체의 법칙을 가진다. 대부분의 고체 상태 물질은 온도가 높을수록 물에 더 많이 더 빨리 용해된다. 사탕도 그렇고, 질산칼륨도 그렇다. 0℃일 때에는 100g의 물에 13.3g의 질산칼륨이 용해되지만, 물을 100℃로 끓였을 때에는 질산칼륨이 247g 용해

된다. 그러므로 질산칼
륨과 같은 물질은 온도
가 높아짐에 따라 용해
도가 높아진다.

　그러나 소금은 온도
의 영향을 크게 받지 않
는다. 20℃일 때 소금의 용해도는 36g이고, 100℃일 때에도 39.1g밖
에 안 된다. 이로부터 온도를 높이면 소금의 용해 속도를 빠르게 할 수
있지만 소금의 용해량은 크게 높이지 못한다는 것을 알 수 있다. 공장
에서는 소금을 빨리 용해시키기 위해 흔히 〈교반기(shaker)〉라는 것

교반기

을 돌려 물과 소금이 충분히 접촉하게 하는 방법을
쓴다.
　그런데 어떤 물질은 온도가 높아질수록 용해도
가 낮아진다. 석고가 바로 그런 물질이다. 석고는
물의 온도가 높을수록 용해도가 낮아진다.
　기체는 온도가 올라갈수록 물에서의 용해도가
낮아지고, 압력의 세기가 커질수록 용해도가 커진다. 각각의 기체는
서로 다른 용해도를 가지고 있다. 일반 대기압과 10℃ 조건에서 100g
의 물에 수소 기체는 0.000174g밖에 용해되지 못하지만, 암모니아 기
체는 68.4g이나 용해된다. 그리고 끓는 물에서 대부분의 기체의 용해
도는 영(0)이다.

금과 은은 녹이 스는가

고대 사람들은 ⊙으로 금을 표시하고))으로 은을 표시하였다. 그것은 금은 태양처럼 금황색을 띠고, 은은 달처럼 은백색을 띠기 때문이다.

금과 은은 일반적인 상황에서는 부식되지 않는다. 그것은 금과 은의 화학적 성질이 아주 안정하기 때문이다. 이 두 가지 금속은 심지어 1000℃에서도 산소와 반응하지 않는다. 진짜 금은 불을 두려워하지 않는다는 말은 바로 금의 이런 성질에서 유래된 것 같다.

때문에 금광에서 채굴되는 금·은 대부분이 순수한 것이다. 지금까지 인류가 발견한 가장 큰 천연 금덩이는 질량이 112kg에 달하고, 은덩이는 13.5t에 달한다. 그러나 기타 금속들은 모두 화합물의 상태로 자연계에 존재하고 있다. 예를 들어 철광석은 산화철의 상태, 섬아연석은 황화아연의 상태, 보크사이트(Bauxite, 철반석)는 산화알루미늄의 상태, 커시터라이트(Cassiterite, 주석석)는 이산화석의 상태, 방연

석(Galena)은 황화아연의 상태로 존재한다.

그렇다고 하여 금이나 은이 절대적으로 녹이 슬지 않는다는 것은 아니다. 가장 강한 산인 왕수에 금을 넣으면 반응하여 가용성 화합물을 생성한다. 은은 금보다 더욱 활발하다. 왕수뿐만 아니라 유황도 은을 부식시킬 수 있다. 은이 유황과 반응하면 검은색의 황화은을 생성한다. 은색의 은그릇을 유황 가루로 닦으면 까맣게 된다. 때문에 고대의 은그릇들은 표면이 일반적으로 검은색을 띠지만 고대의 금장신구들은 여전히 반짝반짝 빛난다. 검은색을 띠는 은장신구를 암모니아수로 씻으면 황화은과 암모니아수가 반응하여 은암모니아 착화합물을 생성하기 때문에 금방 은색을 회복한다. 같은 방법으로 검어진 구리그릇(銅器)도 암모니아수로 씻을 수 있다.

왜 알루미늄은
쉽게 녹이 슬지 않는가

알루미늄은 겉보기에 쉽게 녹이 슬지 않는 것 같지만 사실 알루미늄은 철보다도 더 쉽게 녹이 슨다. 그러나 알루미늄은 철처럼 보기 싫게 녹이 슬지 않고 겉면이 곱게 녹이 슬 뿐이다.

녹이 슨다는 것은 본질적으로 대부분의 금속이 습한 공기 속에서 산소와 반응한다는 것을 의미한다. 이때 산소는 금속의 입장에서 보면 피를 빨아 먹는 모기와도 같다. 철에 낀 녹은 아주 성기기 때문에 산소가 그 속으로 계속 스며들어가 안의 철을 계속하여 부식시킬 수 있다.

알루미늄은 산소와 쉽게 반응하여 산화알루미늄을 생성한다. 이 산화알루미늄이 알루미늄의 표면에 붙어 보호막을 이룸으로써 안에 있는 알루미늄이 산소와 반응하지 못하게 한다. 이때 산화알루미늄층은 마치 모기의 침투를 막아 주는 모기장과도 같다.

산화알루미늄 보호막은 산이나 알칼리성 물질에는 견디지 못한다. 그러므로 알루미늄솥에 밥이나 물은 끓일 수 있지만 산성이나 알칼리성 물질은 담아 두지 말아야 한다.

어떤 사람들은 알루미늄그릇 표면이 광택이 나지 않아 쇠수세미나 모래 등으로 닦는 경우가 있는데, 알루미늄그릇 표면의 산화알루미늄 보호막이 긁혀 산화알루미늄막이 벗겨질 수 있다.

이런 방법은 아주 과학적이지 못하다. 왜냐하면 알루미늄그릇을 금방 닦았을 때에는 보호막이 벗겨져 광택이 좋아진 것 같지만 얼마 지나지 않으면 또 산화알루미늄 보호막이 형성되면서 원래의 색으로 돌아간다. 또한 알루미늄그릇은 자주 닦을수록 얇아져 사용 수명이 짧아진다.

산화알루미늄 보호막은 두께가 0.00001㎜밖에 안 된다. 공장에서는 알루미늄 제품의 사용 수명을 늘이기 위해 일반적으로 금방 생산한 제품을 20% 황산나트륨과 10% 질산 혼합 용액에 일정 기간 담가 두어 산화알루미늄 보호막을 더 두껍게 한다. 새 알루미늄그릇은 모두 표면이 회백색이거나 담황색을 띠는데, 이것은 산화막층을 두껍게 하는 처리를 하였기 때문이다.

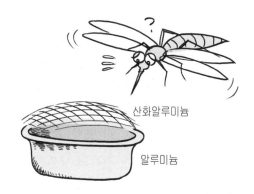

산화알루미늄

알루미늄

왜 철은 녹이 스는가

철은 쉽게 녹이 스는 금속이다. 박물관에 진열해 놓은 고대의 철기들을 보면 녹이 슬지 않은 것이 거의 없다. 식칼을 몇 달 동안 사용하지 않고 가만히 놓아두면 그 역시 녹이 슨다. 해마다 세계적으로 수천만 톤에 달하는 강철이 녹으로 소모된다.

철이 녹스는 것은 자체의 화학 성질이 활발한 것도 원인이 되겠지만 외계의 조건과도 역시 밀접한 관계가 있다. 수분은 철이 녹스는 조건의 하나이다. 화학자들은 수분이 전혀 없는 공기 중에 철을 놓으면 몇 년이 지나도 녹이 슬지 않는다는 것을 증명하였다.

그런데 수분만으로 녹이 스는 것은 아니다. 밀폐 상태의 끓는 증류수에 철을 넣으면 철에 녹이 슬지 않는다. 오직 산소와 수분이 함께 작용하는 조건에서만 철은 녹이 슨다. 이 밖에 공기 속의 이산화탄소가 용해된 물을 만나도 철은 녹이 슨다. 철녹의 성분은 아주 복잡하다. 그 주요 성분은 산화철과 수산화철, 염기성 탄산철 등이다.

철녹은 푸석푸석하고 연하여 마치 해면과도 같다. 철이 완전히 녹으로 변하면 부피는 원래의 8배가 된다. 해면과도 같은 철녹은 아주 쉽게 수분을 흡수한다. 따라서 철은 더 빨리 녹이 슨다.

이 밖에도 철에 녹이 스는 데는 여러 가지 원인이 있다. 이를테면 물에 염이 용해되어 있고 철제품의 표면이 깨끗하지 못하거나 거칠고 철 속에 탄소 등의 잡성분이 섞여 있는 등이다.

사람들은 철에 녹이 슬지 않도록 보호하기 위해 여러 가지 방법을 모색했다. 그 중의 한 가지는 철 표면에 〈옷〉을 입히는 것이다. 즉 철의 표면에 페인트칠을 하거나 쉽게 녹이 슬지 않는 다른 금속을 도금하는 것이다. 예를 들어 승용차에 빛이 반짝반짝 나는 도료칠을 한다거나, 상수도관이나 난방 설비에 알루미늄칠을 한다거나, 통조림용 양철에 주석을 도금한다거나, 철판에 아연을 도금하는 등이다. 철에 녹이 슬지 않게 하는 근본적인 방법은 철 제련 과정에 다른 금속을 섞어 넣어 녹이 슬지 않는 합금을 만드는 것이다. 스테인리스 스틸(stainless steel)이 바로 철에 니켈과 크롬을 넣은 합금이다.

산소 　물방울

스테인리스 스틸은 녹이 스는가

현재 스테인리스 스틸 제품들은 어렵지 않게 볼 수 있다. 스테인리스 스틸로 만든 물컵, 그릇 등은 씻기 편리하고 녹이 잘 슬지 않고 사용 수명이 길다는 등의 장점을 가지고 있다.

녹이 슬지 않는다는 뜻으로 지은 스테인리스 스틸은 성분에서 그 특수성을 찾아볼 수 있다. 스테인리스 스틸은 철 외에 크롬, 니켈, 알루미늄, 규소 등으로 이루어졌다. 일반적인 스테인리스 스틸은 크롬의 함유량이 12% 안팎이고, 어떤 것은 18%를 넘는다. 강철에 크롬 등의 원소를 넣으면 강철의 내부 구조가 더욱 균일해지면서 그 성질이 변하며, 또 강철의 표면에 치밀한 산화물 보호막이 형성되면서 스테인리스 스틸의 내식성이 크게 높아진다. 그러므로 스테인리스 스틸은 공기, 물, 산, 알칼리와 여러 가지 용액을 만나도 쉽게 부식되지 않는다.

과학자들은 연구를 거쳐 강철의 구조가 균일할수록 내부의 각 구성 성분들 사이의 결합이 더욱 긴밀해져 부식물의 침습을 더욱 잘 막아낸다는 것을 발견했다. 이 밖에 스테인리스 스틸의 표면에 형성된 산화물 보호막은 마치 갑옷을 한 벌 더 입힌 것과 같아 강철이 녹이 스는 것을 더 한층 막아준다.

물론 녹이 슨다는 것과 안 슨다는 것은 상대적으로 하는 말이다. 즉 절대적으로 녹이 슬지 않는 금속은 없다. 부식에 잘 견딘다고 하는 금과 백금도 부식력이 특별히 강한 시안화물 용액이나 왕수(염산과 질산을 3 : 1로 섞은 용액)를 접하면 마찬가지로 부식된다. 스테인리스 스틸은 일반적인 산화 조건에서만 안정하고 비산화 조건에서는 안정하지 못하다. 즉 스테인리스 스틸은 농황산이나 농질산의 부식에는 견디지만 염산이나 희황산과 같은 비산화성 산의 부식에는 견디지 못한다. 그리고 스테인리스 스틸은 크롬 등의 원소 함유량과 열처리 등의 공정 여하에 따라 부식성에서 차이가 있다. 스테인리스 스틸에 녹이 안 슨다는 것은 상대적이며, 특정한 조건에서는 녹이 슨다는 것을 알 수 있다.

어느 금속이 가장 가벼운가

금속을 칼로 쉽게 벨 수 있다면 믿는 사람이 있을까? 그런데 확실히 이런 금속이 있다. 바로 리튬(Li)이라는 금속이다. 리튬은 금속 가운데에서 가장 가벼운 금속으로 20℃에서의 밀도는 0.543 g/㎤밖에 안 되기 때문에 휘발유 속에 넣어도 뜬다. 리튬은 눈부신 은백색을 띠지만 일단 공기와 접촉하면 표면이 삽시간에 광택을 잃고, 물 속에 넣으면 물과 격렬하게 반응하여 수소 기체를 발생하며, 성냥불을 갖다대면 '펑' 소리를 내며 폭발적으로 반응한다.

공기나 물과 접촉하지 못하는 이런 금속은 어떤 쓸모가 있는가? 저명한 발명가 에디슨은 수산화리튬을 전지의 전해질 용액에 넣어 전지의 성능을 크게 향상시켰다. 이런 전지는 제1차 세계 대전 때에

리튬(물과의 반응)

잠수함에 필수적인 군수품으로 각광받았다. 오늘날 리튬 전지는 인공 심장박동기와 휴대폰 등에 널리 응용되고 있다.

리튬은 몇 가지 동위 원소를 가지고 있다. 리튬 - 6과 리튬 - 7은 화학적 성질이 기본적으로는 같지만 용도는 완전히 다르다. 이를테면 리튬 - 6은 첨단 과학에 응용되고, 리튬 - 7은 일반적인 농공업 생산에 응용된다. 수소탄과 원자탄의 원자 뇌관은 반드시 리튬 - 6으로 두껍게 감싸야만 반응 과정을 통제할 수 있다. 기계를 돌릴 때 윤활유를 자주 넣어야 기계의 마모를 줄이고 동작이 잘될 수 있다. 일반적인 윤활유는 고온이나 저온 및 물에 영향을 크게 받는다. 그러나 리튬 - 7을 이용하여 합성한 윤활유는 - 50 ~160℃의 온도차에서도 영향을 받지 않는다.

사기그릇이나 도자기 공예품 표면의 유약과 법랑질의 원재료에는 모두 리튬이 함유되어 있다. 리튬은 유약과 법랑질의 융해점을 낮추고 가열 시간을 줄이며, 용기의 표면이 매끌매끌하고 균일해지게 한다. 이 밖에 텔레비전의 브라운관에도 리튬이 들어 있다.

또한 리튬은 일부 식물의 항병충해력을 높여 준다. 예를 들어 쉽게 얼룩병에 걸리는 밀이나 쉽게 썩는 토마토에 적기에 리튬비료를 주면 이러한 병을 예방할 수 있다.

리튬전지

휴대폰

어떤 천연 고분자 화합물이
가장 견고한가

　　목화, 삼, 명주, 참대, 털, 고무 등 자연의 물질은 모두 천연 고분자 화합물로 구성되었다. 이런 분자들은 대단히 크고 길다. 이런 고분자 물질들의 성질을 보면 일반적으로 물에 용해되지 않으며 일정한 기계적 강도가 있고 절연성이 좋고 부식에도 잘 견딘다. 그리고 이런 고분자 물질들은 대부분 사슬 모양의 구조를 가지고 있고 분자의 길이와 지름의 비가 1000배 이상이기 때문에 가소성과 탄성도 비교적 좋다.

　　인류는 옛부터 이런 고분자 화합물을 이용하여 천을 짜고 그물을 떴으며, 종이를 제조하고 고무 제품을 만들어 생활의 편의성에 기여하였다.

　　자연에 있는 고분자 화합물은 아주 많다. 이런 천연 고분자 화합물들 가운데에서 어떤 물질이 가장 견고할까? 과학자들은 측정과 실험을 통해 강도가 가장 높은 천연 고분자 화합물이 거미줄이라는 것을 발견하였다. 거미줄의 강도는 같은 굵기로 된 철사의 5배에 달한다.

거미줄은 아미노산으로 구성된 단백질류의 고분자 화합물이다. 거미가 짜놓은 망은 거미보다 몇 배나 큰 곤충을 꼼짝 못하게 붙여 놓는다. 거미줄은 견고할 뿐만 아니라 점착력도 아주 훌륭하다.

과학자들이 거미줄의 이와 같은 특수한 성능에 관심을 가지기 시작한 것은 아주 훗날의 일이었다. 1988년 11월, 영국에서 거미줄에 관한 연구 논문이 발표되었다. 논문은 〈자연계에서 가장 견고한 천연 고분자 화합물은 거미줄이며, 거미줄을 더 연구한다면 이같은 새로운 재료로 구성된 의미있는 정보를 얻게 될 것이다〉라고 지적하였다.

일본에서는 거미줄의 특수한 성능과 예술적 구조를 집중적으로 연구하고 있다고 한다. 영국 캠브리지 대학의 일부 전문가들은 유전자 공학 원리로 발효 기술 공정을 통해 인조 거미줄을 제조하는 실험을 진행하고 있다. 이런 연구가 성공한다면 아주 견고한 합성 복합 재료를 제조하여 아주 가벼우면서도 견고한 방탄복을 만들거나 우주 개척과 자동차공업 등에 널리 쓰일 수 있게 될 것이다.

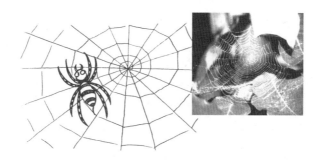

어떻게 강철로
강철을 깎을 수 있는가

공장에서 강도가 높은 재료를 깎을 때에는 흔히 강철로 만들어진 절삭날을 사용한다. 그런데 재미있는 것은 강철로 만들어진 이런 절삭날은 마치 진흙덩이를 깎는 것처럼 잠깐 새에 다른 강철 재료를 깎아 부속품으로 만든다는 것이다. 겉으로 보아서는 두 가지 물질은 모두 강철인데 어떻게 강철로 강철을 깎을 수 있는가?

강철마다 경도가 다르다. 절삭날로 사용되는 강철은 가공 재료로 쓰이는 강철보다 경도가 훨씬 높기 때문에 다른 강철을 깎을 수 있다. 일반적인 절삭용 강철은 탄소 함유량이 높으며(0.6~1.4%), 또 열처리를 하여 경도를 더욱 높였기 때문에 마모가 잘 되지 않는다. 그러나 절삭 속도가 아주 빠를 때에는 마찰에서 생기는 고온으로 인하여 절삭날의 경도가 낮아지고 쉽게 마모될 수 있다. 때문에 고속 절삭용으로 쓰이는 강철은 꼭 고속도강(高速度鋼)이어야 한다. 고속도강은 철, 텅스텐, 크롬, 바나듐 등의 원소들로 이루어진 합금이다. 이런 합금강은

600℃ 이내에서는 여전히 단단하지만 600℃가 넘는 조건에서는 경도가 급속히 떨어진다. 이런 상황에서는 초경합금을 사용해야 한다.

일반적으로 사용되는 초경합금은 코발트, 텅스텐, 크롬, 탄소 등의 원소들로 이루어졌다. 그러나 이런 합금은 강철 함유량이 아주 낮으므로 강철이라고 부르지 않는다. 이때의 철은 오히려 잡성분으로 취급된다.

합금 원소를 넣는 외에 강철의 성능을 변하게 하는 다른 한 가지 수단은 열처리를 하는 것이다. 열처리란 각기 다른 조건에서 강철을 일정한 온도에까지 가열하였다가 각기 다른 속도로 온도를 낮추면서 냉각시키는 방법을 말한다. 예를 들어 강철은 물이나 기름 속에서는 빨리 냉각되지만 공기나 용광로 속에서는 천천히 냉각된다. 강철은 빨리 냉각시키면 강도가 높아지고, 천천히 냉각시키면 강도가 낮아진다. 때문에 공업에서는 용도에 따라 여러 가지 방법으로 열처리하면서 각기 다른 강철을 얻는다.

왜 어떤 금속은
〈기억력〉이 있다고 하는가

 사람과 동물은 모두 기억력이 있다. 그러면 생명이 없는 금속은 〈기억력〉이 있는가?

1961년에 미국의 한 연구팀은 감긴 니켈 - 티탄 합금선을 당겨 곧게 편 다음 열처리를 하다가 합금선이 마치 〈기억력〉이 있듯이 원래의 감긴 상태로 회복되는 괴이한 현상을 발견하였다. 연구원들은 합금선에 흥미를 가지게 되었다. 그들은 반복되는 실험을 통해 이런 현상이 반복해서 나타날 수 있다는 것을 발견했다. 니켈 - 티탄 합금 외에 금 - 코발트 합금, 구리 - 알루미늄 - 니켈 합금 등도 이와 유사한 〈기억력〉을 가지고 있다.

그럼 이런 합금들은 어떻게 원래의 형태를 〈기억〉하는가? 연구를 거쳐 사람들은 금속의 〈기억력〉은 그것들의 구조와 관계된다는 것을 발견하였다. 예를 들어 니켈 - 티탄 합금선을 보자. 니켈 - 티탄 합금선을 일정한 형태로 만들고 150℃까지 가열한 다음 냉각시킨다. 그러면 합금선은 외력의 작용으로 인하여 변형된다. 변형된 합금 내부는 불안정한 결정 구조가 된다. 이 때 이 합금을 전환 온도(95℃) 이상으로 가열하면 다시 안정한 구조를 회복한다. 즉 합금선이 마치 기억력이 있다는 듯이 원래의 형태를 회복하는 것이다. 과학자들은 이런 현상을 형상 기억 효과라고 말한다.

과학자들은 니켈 - 티탄 합금으로 인공 위성의 안테나를 만들었다. 발사 전에 이 안테나가 차지하는 공간을 적게 하기 위해 공 모양으로 감아 놓는다. 위성을 발사하여 예정된 궤도에 들어가면 안테나가 햇빛을 받아 온도가 95℃에 도달한다. 이 때 안테나는 자신의 원래 모양을 〈기억〉하고 자동적으로 펴져 기능을 발휘한다.

형상 기억 합금의 용도는 이 밖에도 광범위하다. 예를 들어 이전의 비행기는 유압계통의 도관 접합 부분에서 번번이 기름이 새어나와 비행에 영향을 받았다. 전문가들은 기억합금으로 관 연결 부속품을 만들었다. 이런 부속품은 견고하고 충격에 잘 견딘다. 설사 충격을 받아 좀 변형되었다 해도 조금 가열하면 금방 원래 형태로 회복된다. 통계에 따르면 분사식 비행기 한 대에 접합 부분이 십여만 개나 된다고 한다.

형상 기억 합금은 또 리벳(못의 일종), 여성 속옷인 브래지어, 화재 경보 장치 등의 다양한 용도로 사용되고 있다.

왜 금은 과학 기술 분야에서 쓰임새가 많은가

금속 분야에서 총아로 불리는 금은 주로 화폐와 장신구를 만드는 데 많이 쓰여 왔다. 때문에 사람들의 마음 속에서 금은 부의 상징이기도 하다.

금은 희소하고 귀하다는 점을 빼놓고도 특수한 물리적, 화학적 성질을 가지고 있기 때문에 과학 기술 분야에서 널리 쓰이고 있다.

금은 연·전성이 매우 좋다. 1g의 금으로 3000m에 달하는 금실을 뽑을 수 있고, 면적이 9㎡, 두께가 1 / 500000㎝에 달하는 금박을 만들 수도 있다. 이렇게 만든 금박은 거의 투명할 정도로 얇지만 자외선을 막을 수 있다. 때문에 금박은 우주 비행사들의 방호 마스크와 우주 비행선의 밀폐실에 널리 응용되고 있다. 금박은 적외선에 대해서도 강한 반사 작용이 있기 때문에 적외선 건조 설비와 현대화 군사 장비인 적외선 탐지기에도 널리 응용되고 있다.

금의 녹는점은 1064.43℃로서 고온에 잘 견딘다. 금은 화학적 성질이 안정하여 일반적인 산이나 염기와 반응하지 않는다. 때문에 비행기, 인공 위성, 우주 비행 설비의 많은 계기나 전기 스위치의 접촉부분 등은 전기 전도성이 좋고 녹는점이 높고 쉽게 산화되지 않는 금이나 금합금으로 만든다. 금과 그 합금은 양호한 화학적 안정성을 가지고 있기 때문에 인조 섬유를 뽑는 노즐로 쓰일 뿐만 아니라 운반 로켓의 전지 여과막으로도 쓰인다. 금으로 제조한 기억 합금, 초전도체 재료, 각종 부품들은 의료 기자재, 전자 공업, 계산기, 로봇, 우주 비행선, 군수품 및 기타 첨단 과학 기술 영역에 광범위하게 쓰이고 있다.

자외선 반사

금박

어떻게 방탄 유리는
탄알을 막아낼 수 있는가

방탄 유리는 이름 그대로 탄알을 막아내는 유리를 말한다. 그런데 유리가 어떻게 탄알을 막아내는가? 사실 방탄 유리는 순수한 유리가 아니라 유리 또는 유기 유리에 품질이 우수한 플라스틱을 넣어 특수하게 가공, 처리한 복합 재료이다.

유리는 매끌매끌하고 투명하며 다이아몬드 같이 경도가 특히 높은 칼로만 벨 수 있을 정도로 경도가 높은 것이 특징이다. 그러나 유리는 강도와 인성이 아주 약하여 작은 충격에도 깨진다. 그러나 적지 않은 플라스틱은 유리와 투명도는 비슷하지만 질이 유연하고 인성이 아주 좋다. 그럼 물리적, 화학적 성질이 판이하게 다른 이 두 가지 재료를 합성해서 서로의 단점을 극복할 수 있는 복합 재료를 만들 수 없겠는가?

20세기 초에 영국의 한 유리 제조 회사에서는 겹유리(이중 유리)를 연구 제작하였다. 당시 이런 유리는 수작업으로만 만들 수 있었다. 기술자들은 먼저 유리 표면에 아교를 바
르고 말린 후 그 위에 법랑칠을 하였
다. 다음 두 유리면 사이에 셀룰로이
드를 끼워 넣고 알코올 속에 담갔다가
나중에 수동 압연기로 눌러 겹유리를
제조하였다. 이렇게 제조한 유리는 여전히 투명성이 좋았고 진동이나
충격에 견디는 성능은 기존의 유리보다 훨씬 좋아서 사람들의 주목을
끌었다. 이리하여 제1대의 방탄 유리와 첫 안전 유리 제조 회사가 탄
생하였다.

겹유리가 여러 가지 우수한 성능을 가지고 있다는 것을 알게 된 사
람들은 더 훌륭한 방탄 유리를 제조하기 위해 불철주야로 연구에 매달
렸다. 그러던 중 아주 얇은 경화 유리와 양질 플라스틱막을 한 겹 한
겹 붙여서 겹유리를 만들었다. 이런 겹유리 가운데 경화 유리의 성분
은 보통 유리와 비슷하지만 특수하게 열처리를 하였으므로 내충격력
이나 항진동성이 특히 높다. 이런 경화 유리를 여러 장 겹쳐서 만든 겹
유리는 더없이 견고하여 탄알도 뚫지 못했다. 그리하여 방탄 유리라고
불렀다.

또한 일반적인 유리를 배제하고 유기 유리만으로 방탄 유리를 제조
할 수도 있다. 물론 이렇게 만들어지는 방탄 유리는 보통 유리의 성분
이 조금도 들어 있지 않다. 최근 과학자들은 산화알루미늄 등을 원료
로 투명성이 아주 좋은 도자기를 연구 제작하였는데, 이런 도자기는
내고온성, 항충격성이 뛰어나 초음속 비행기 조종실의 앞 유리와 고급
승용차의 방탄 유리창으로 쓰이고 있다.

왜 유기 유리는
보통 유리와 다른가

보통 유리의 주성분은 규산염이고, 유기 유리를 제조하는 원료는 아세톤, 메틸알코올, 황산, 시안화나트륨이다. 유기 유리는 엄밀히 따지면 유리가 아니다. 플라스틱 중의 한 가지이지만 무색 투명하고 강인하며 가공성이 좋아서 유리와 같은 용도로 사용되기 때문에 유기 유리라 부르게 되었다.

유기 유리는 밀도가 보통 유리의 절반밖에 안 되지만 보통 유리와는 달리 쉽게 부서지지 않는다. 유기 유리는 투명도가 아주 좋고 열가소성이 뛰어나 가열하는 조건에서 임의로 갖가지 형태로 변형시킬 수 있다.

유기 유리의 용도는 아주 넓다. 예를 들면 비행기는 구름층에서 고속으로 비행할 때 격렬한 진동을 받거나, 온도가 급변하거나, 기류의 압력을 받는 등 특수한 상황에 부딪치게 된다. 이 때 비행기 조종실의 앞 창문 유리를 어떤 것으로 선택하는가 하는 것은 더없이 중요한 의

미를 갖는다.

그럼 어떤 유리가 이런 혹독한 환경에 견딜 수 있는가? 바로 유기 유리이다. 전투기가 전투중 유기 유리 창문에 총알을 맞으면 창문 유리가 전부 부서지는 것이 아니라 작은 구멍만 뚫리기 때문에 유리 파편에 조종사가 다치지 않게 된다.

보통 유리는 두께가 15㎝를 초과하면 색깔이 온통 비취색으로 변하여 유리를 사이에 두고 맞은편의 물체를 똑똑히 볼 수 없다. 그러나 유기 유리는 두께가 1m가 되어도 맞은편의 물체를 똑똑히 볼 수 있다. 이처럼 유기 유리는 투광성이 좋을 뿐만 아니라 자외선도 투과할 수 있으므로 광학기기를 제조하는 재료로 널리 쓰인다.

유기 유리는 또 한 가지 놀라운 성능이 있다. 유기 유리 막대를 48° 이내로 구부렸을 때 광선이 마치 물이 꾸불꾸불한 수도관을 흐르듯이 유기 유리 막대를 따라 투과되어 나온다. 광선이 〈굽은 길을 따라 움직인다〉는 것이 얼마나 재미있는 일인가! 유기 유리의 이런 특징을 이용하여 의료용 빛 전달 광학기기를 제조하면 외과 의사들에게 크나큰 도움을 줄 수 있다.

유기 유리는 가볍고 단단하고 화학 성질이 안정한 특징도 가지고 있다. 유기 유리 원료에 염료를 첨가하면 필요한 각종 색깔의 채색된 유기 유리를 만들 수 있다.

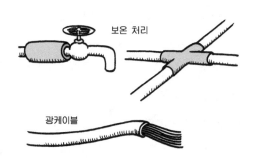

보온 처리

광케이블

유리의 꽃무늬는
어떻게 새겨지는가

　　일상 생활에서 꽃무늬를 새긴 유리 제품들을 어렵지 않게 볼 수 있다. 화학 실험실에서도 정밀하게 눈금을 새긴 온도계, 메스 실린더, 비커 등 실험용 유리 기구들을 쉽게 찾아볼 수 있다.

　　유리는 단단하고 매끌매끌하여 그림이나 글 등을 새겨 넣기가 아주 어렵다. 그렇다면 유리에 이런 것들을 어떻게 새겨 넣는가? 화학자들은 화학 실험실에서 유리를 〈먹는〉 괴상한 물질을 발견하였다. 이런 물질이 유리에 접촉할 때 약하면 유리 표면이 한층 벗겨지고, 강하면 유리가 〈먹혀 버린다〉.

　　이 물질은 다름 아닌 불화수소산이다. 불화수소산은 염산과 형제간이다. 불화수소산은 염산보다도 성질이 더욱 활발하여 아주 강한 부식성을 가지고 있다. 때문에 화학 실험실에서는 불화수소산을 유리 용기에 담아 두지 못하고 폴리에틸렌이나 납으로 특별 제작한 용기에 넣어

둔다.

이전에 불화수소산을 생산하던 공장의 전등이 우윳빛으로 변했고, 창문의 유리들도 모두 불투명한 〈안개유리〉로 변했다. 원인은 생산 과정에서 새어나오는 불화수소산 기체가 공기 속에 확산되어 전등과 창문 유리를 부식시켰기 때문이다.

불화수소산의 이런 성질을 파악한 후부터 사람들은 이 물질로 유리에 무늬 등을 새겨 넣기 시작하였다. 유리판이나 유리 용기에 원하는 무늬나 눈금, 글 등을 새겨 넣기 위해 기술자들은 먼저 재료 표면에 균일하고도 치밀하게 파라핀을 발라 놓는다. 그 다음 조심스레 공구로 파라핀 층에 도안이나 선을 그어 놓아 유리 층이 노출되게 한다. 그 다음 파라핀 층에 불화수소산을 적당히 발라 놓는다. 그러면 불화수소산이 노출된 유리를 부식시킨다. 불화수소산이 많이 들어간 곳은 많이 부식되고 적게 들어간 곳은 적게 부식된다. 마지막으로 파라핀층을 벗겨내면 갖가지 진하고 연한 도안, 글, 그림 등이 얻어진다.

유리 섬유는 어떤 용도가 있는가

유리는 부서지기 쉬운 물질이다. 그런데 재미있는 것은 유리를 녹여서 머리카락보다 더 가는 유리 섬유로 뽑았을 때에는 원래의 잘 부서지고 단단하던 성질은 이내 사라지고 합성 고분자 섬유처럼 부드러워진다. 그리고 질긴 정도는 같은 굵기의 스테인리스 스틸선을 능가한다. 그럼 이런 특수한 성질을 가지고 있는 유리 섬유는 어떤 용도가 있는가?

손가락 두께 정도의 유리 섬유 밧줄로는 화물을 가득 실은 트럭을 들어올릴 수도 있을 정도다. 유리 섬유 밧줄은 바닷물에 잘 견디고 녹이 슬지 않아 배의 닻줄이나 기중기의 밧줄로 사용하면 아주 이상적이다. 합성 고분자 섬유 밧줄은 튼튼하지만 고온에 잘 견디지 못하는 약점이 있다. 그러나 유리 섬유 밧줄은 고온에 잘 견디므로 소방 부문에서 사용하면 이상적이다.

유리로는 유리천을 짤 수도 있다. 유리천은 산이나 염기에 부식되지 않으므로 화학 공장에서 여과용 천으로 사용하기에 안성맞춤이다. 유리천으로 면직물이나 베천을 대체하여 포장용으로 쓰면 곰팡이도 끼지 않고, 습기도 방지하고, 오래 사용할 수 있어 경제성이 뛰어나다. 아름다운 도안이 있는 유리천을 접착제로 벽에 붙이면 보기도 좋고 페인트칠을 하지 않아도 된다. 그리고 벽에 때가 묻었을 때 걸레로 닦을 수 있다.

유리 섬유는 절연도 되고 열에도 강하다. 유리 섬유와 플라스틱으로 각종 유리 섬유 복합 재료를 제조할 수도 있는데 강화 유리의 주성분이 바로 이런 재료이다.

유리 섬유 분말

용융 상태의 유리를 고속 기류나 불로 세차게 불면 유리솜이라고 하는 보다 가늘고 짧은 섬유를 얻을 수 있다. 한 가지 특별히 가는 습기 방지용 유리실은 200올을 겹쳐도 두께가 머리카락만큼밖에 되지 않는다. 유리솜은 또 보온성이 아주 좋다. 3㎝ 두께밖에 안 되는 유리솜의 보온 성능은 1m 두께에 달하는 벽돌 벽의 보온 성능과 맞먹는다. 유리솜은 방음 성능도 훌륭하다. 그렇기 때문에 공업 분야에서는 유리솜을 보온, 음향 차단, 방진, 여과 등의 재료로 널리 사용하고 있다.

유리솜 건축재

의사들은 유리 섬유로 만든 섬유

유리 섬유 케이블

내시경으로 환자의 위나 십이지장, 대장 등의 장기들을 직접 관찰한다.

이 밖에 통신 분야에서는 유리 섬유로 제조된 광케이블을 이용하여 이미 혁신적인 대성공을 거두었다. 광케이블을 응용하면 용량이 크고, 전기 소모가 적고, 전자기 간섭을 받지 않으며, 구리나 알루미늄 재료를 대량 절약할 수 있으며, 전화와 텔레비전의 영상도 손쉽게 전송할 수 있다.

이상 소개한 바와 같이 유리 섬유의 용도는 대단히 넓으며 과학 기술의 발전과 더불어 그 응용 전망은 더욱 밝을 것으로 기대된다.

초전도 재료란 무엇인가

초전도 재료란 초전도성을 가지고 있는 재료이다. 1911 년 네덜란드의 물리학자 오네스(H. K. Onnes, 1853~1926)는 -269℃에서 수은의 전기 저항이 영(0)으로 변한다는 것을 발견하였다. 그는 이 현상을 초전도성이라고 하였다. 이 신기한 발견은 세계 과학계의 주목을 받았다. 사람들은 이런 초전도성을 가지고 있는 재료로 초전도 자성체를 만들어 과학 연구와 생산 기술 부문에 사용하기를 희망했다.

오네스

그러나 최초로 채택한 순수 금속 초전도 재료, 즉 납, 주석 등은 임계 전류와 임계 자기장이 모두 아주 작았다. 전류를 크게 하기만 하면 재료는 초전도성을 잃었다.

1930년대에 과학자들은 순수 금속에 다른 한 가지 원소를 섞어 합금을 만들면 임계 전류와 임계 자기장이 크게 높아진다는 것을 발견하였다. 예를 들면 1930년에 만든 납-비스무트 합금의 임계 자기장이 2테슬라(tesla)에 달했다.

러시아의 과학자들은 합금 초전도 재료의 연구에 탁월한 공헌을 하였다. 그들은 이런 실용 가치가 있는 초전도 재료를 제2류 초전도체라고 하였다. 그 가운데는 니오브 - 지르코늄 합금, 바나듐 - 갈륨 합금 등의 초전도 합금, A - 15 구조와 같은 금속산화물, 니오브, 바나듐과 테크네튬 등과 같은 금속이 포함된다. 이런 초전도 재료로 만든 강자성체는 저항이 없기 때문에 전기 소모가 적고, 열 손실이 없고, 부피가 작고, 일률이 큰 등의 장점을 가지고 있다.

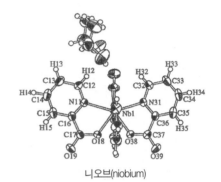

니오브(niobium)

지르코늄(zirconium)

1960년대 초에 이르러 과학자들은 10테슬라에 달하는 초전도 자성체를 연구 제조하였다. 초전도 자성체는 핵자기 공진명, 회전 가속기, 기포실, 자기 유체 발전기와 자기 부상 열차 등 대형 장치에 광범위하게 응용될 수 있게 되었다. 그런데 초전도 자성체는 반드시 아주 낮은 온도 조건에서만 작동하고 또 이런 저온 환경을 조성하는 기술이 복잡하고 투자 비용이 많기 때문에 초전도 기술은 줄곧 실험 단계에 처해 있었다.

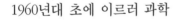

1986년에 미국 IBM사 스위스 연구실의 뮐러(Karl Alexander Müller, 1927~) 등은 한 가지의 금속 산화물 - 란탄 바륨 구리 산소는 비교적 높은 온도에서 초전도성이 있다는 것을 발견하였다. 이런 초전도 재료를 연구 제조하는 실험 조건은 까다롭지 않고 또 쉽게 실현할 수 있기 때문에 초전도성 연구 열풍이 전 세계를 휩쓸게 되었다. 많은 나라의 과학자들이 산화물 초전도 재료의 임계 온도를 높이는 연구를 하였다. 그리고 전통적인 저온 초전도 재료와 구별하기 위해 산화물 초전도 재료를 고온 초전도 재료라고 명명하였다.

란탄 바륨 구리 산소, 바륨 이트륨 구리 산소, 비스무트 납 스트론튬 칼슘 등 고온 초전도 재료로 이미 박막과 선을 만들어 수감 장치, 전자 설비와 무원 마이크로파 기계 소자 등에 쓰고 있다.

초전도 재료

무엇을 나노 재료라고 하는가

철이 공기 중에서 저절로 연소한다고 하면 믿는 사람은 없을 것이다. 실제 생활에서 못이라든가 철사 등은 불에 달구면 뻘겋게 될 뿐 연소하지는 않는다. 그런데 분말 상태의 환원 철 가루를 가볍게 알코올 램프의 불 속에 뿌리면 이런 철 가루는 연소하면서 밝은 불꽃을 피운다. 뿐만 아니라 화학자들은 화학적 방법으로 알갱이가 훨씬 더 작은 검은색의 철 분말을 제조하였다. 이런 철 분말은 공기 중에 뿌려도 자연 발화하면서 수많은 불꽃을 생성한다.

철뿐만 아니라 납, 니켈과 같은 일부 금속들도 일반적인 조건에서는 공기 중에서 연소하지 않지만 화학적 방법으로 아주 보드라운 가루로 만들면 자연 연소 납 가루, 자연 연소 니켈 가루가 된다. 이로부터 물질은 알갱이 크기의 변화에 따라 원래의 성질이 변화한다는 것을 알 수 있다. 나노(nano) 재료는 바로 이런 이유로 오늘날 과학계에서 특히 주목받는 대상이 되었던 것이다.

나노 재료란 무엇인가? 나노미터란 길이 단위의 하나이다. 1m는 1000㎜이고 1㎜는 1000㎛이고 1㎛는 1000㎚이다. 이로부터 나노미터는 10-9m인 극히 작은 측정 단위라는 것을 알 수 있다.

대부분의 고체 분말은 알갱이의 크기가 마이크로(μ)급 이상이며 마이크로급 알갱이 한 알에는 수억 개의 원자나 분자들이 들어 있다. 이때 재료는 대량 분자의 거시적 성질을 나타낸다. 만일 이런 알갱이를 나노급의 크기로 가공한다면 그에 들어 있는 분자나 원자수는 수억분의 1로 줄어든다. 과학자들은 이렇게 극히 미세한 알갱이로 만든 재료를 나노 재료라고 명명하였다.

나노 재료는 입자수가 급증하므로 표면적이 급증하고 잇따라 입자 표면에 노출되는 원자수도 급증하는데, 보통 총원자수의 절반쯤을 차지한다. 때문에 나노 재료는 일반적으로 광학, 전자기학, 열역학, 역학, 화학 등의 방면에서 특이한 성질들을 띠면서 거시적인 재료와는 완전히 다르다. 예를 들어 금의 녹는점은 보통 조건에서 1063℃에 달하지만 나노급으로 만들면 330℃로 내려가고, 은은 녹는점이 일반적인 조건에서 961℃지만 나노급으로 만들면 100℃로 내려간다. 또 예를 들어 일부 촉매를 나노급으로 가공하면 표면적이 대량으로 늘어나면서 활성이 몇 배로 높아지고, 촉매 반응의 온도도 몇 백 도 낮아진다.

과학자들은 21세기를 나노 과학 기술 시대라고 말하고 있으며 나노 재료의 응용 전망은 대단히 밝다.

왜 나노 재료는 미래 과학 기술 발전에서 극히 중요한 위치를 차지한다고 하는가

　　나노 기술은 1980년대 중반부터 발전하기 시작하였다. 갖가지 특이한 성질을 가지고 있는 나노 재료를 토대로 하는 연구 분야는 참신한 첨단 과학 기술 연구 분야이다.

　　우선 색깔에서 볼 때 금속이나 도자기나 할 것 없이 제조한 나노 분말은 모두 검은색을 띤다. 금속으로 제조한 나노 재료는 경도가 몇 배 높아지고 전기가 흐르지 않는 절연체가 되며, 도자기로 제조한 나노 재료는 원래 쉽게 깨지거나 부서지던 성질이 바뀌어 질긴 성질이 높아져 쉽게 깨지거나 부서지지 않는다.

　　이 밖에 나노 재료는 알갱이의 지름이 작을수록 녹는점이 크게 낮아진다. 또 나노 재료는 전기 전도성, 자성, 내응력 등의 성질에서도 큰 변화를 가져온다. 이를테면 철로 만든 나노 재료는 항파괴응력이 일반적인 철보다 12배 높아진다.

　　나노 재료는 이런 특성으로 하여 실제 응용에서 한몫을 톡톡히 한다. 예를 들어 나노 자성 재료는 고밀도의 기록 테이프를 제조하는 데 쓰인다. 나노 약물은 직접 혈관에 주사할 수 있는데, 이렇게 주사한 약물은 가장 가는 혈관을 통과할 수 있다. 나노 촉매는 휘발유에 용해되었을 때 내연기관의 효율을 크게 높여준다.

그런데 나노 재료의 생산 기술에는 아직도 미흡한 점이 많다. 왜냐하면 일반적인 연마법으로는 나노급에 도달할 만한 재료를 제조하기 어렵기 때문이다. 현재는 비교적 특수한 물리적 또는 화학적 가공 방법으로 나노 재료를 얻고 있다. 예를 들면 불활성 기체인 헬륨이 가득 차 있는 밀폐된 용기 속에 금속을 넣고 가열하여 금속 고체가 증기로 변하게 한다. 그 다음 이런 금속 원자들이 헬륨 기체 속에서 냉각, 응고되어 금속 안개를 형성하게 한다. 이렇게 하면 마치 그을음처럼 입자가 고운 나노 금속 분말을 얻는다. 이런 분말로 나노 금속 재료로 만든 제품을 얻을 수 있다.

이 밖에 과학자들이 레이저 증발 응고법으로 만든 도자기 분말의 지름은 몇 나노밖에 안 된다. 그러나 이러한 제조 방법은 원가가 대단히 높고 생산 규모 역시 극히 제한되어 있는 실정이다. 때문에 나노 재료의 생산과 응용은 아직도 많은 난관을 거쳐야 한다.

보통 도자기   나노 재료 도자기

액정(액체 결정)이란 무엇인가

결정이라고 하면 사람들은 다이아몬드, 식염 등 고체 물질을 생각한다. 액정(LCD;Liquid Crystal Display)이란 액체인 결정이다.

일찍이 1888년에 오스트레일리아의 과학자 라이니처(Friedrich Reinitzer, 1857~1927)는 한 가지 액체 상태의 유기 화합물 - 향산콜레스테롤이 결정의 특성을 가지고 있다는 것을 발견하였다. 그런데 이 현상은 사람들의 관심을 끌지 못하였다. 그것은 이런 액체 상태의 결정이 별 쓸모가 없었기 때문이다. 그리하여 액정은 몇 십 년간 잠자게 되었다.

라이니처

1970년대 초에 이르러서야 액정이 사람들의 관심을 끌게 되었는데, 그것은 액정이 표시 소자를 만드는 좋은 재료라는 것을 발견하였기 때문이다. 지금은 이미 7000여 종의 유기 화합물이 액정의 특성을 가지고 있다는 것을 알고 있다.

액정은 다음과 같은 특이한 성질을 가지고 있다. 일반적인 경우에 그 분자 배열이 아주 정연하여 매우 투명한 것처럼 보인다. 그러나 직류 전기장이 가해지면 액정 분자는 일정하던 대열이 외부에서 가해진 전기장의 방해를 받아 흩어지면서 투과 광선이나 반사 광선의 세기와 방향을 변화시킨다. 그리하여 액정은 불투명해진다. 이것을 〈전기광 효과〉라고 한다.

전자 손목 시계와 전자 계산기의 숫자는 액정의 전기광 효과를 이용하여 나타낸다. 전자 손목 시계와 전자 계산기에 있는 표시 소자는 작은 직사각형 유리함으로 되어 있다. 유리함에는 액정을 담고 함의 내벽 위쪽에는 7조각으로 된 투명한 금속 박막 전극을 장치하고 함의 내벽의 아래에는 통판으로 된 금속 박막 전극을 장치했다. 전기를 통과시키면 전기가 있는 그 토막의 전극 전기장 사이에 있는 액정은 불투명해진다. 계수, 부호 해석 회로의 통제를 거쳐 이 7조각의 전극은 각기 1, 2, 3, 4, 5, 6, 7, 8, 9, 0의 10개 숫자를 표시한다.

이것이 액정이 숫자를 나타내는 비밀이다. 소형 컴퓨터, 전자 장난감 및 전자 계기에도 모두 액정으로 숫자를 표시한다.

유리판
투명한 전극
액정

1234567890

왜 금속 도자기는
고온에 잘 견디는가

시대의 비약과 생산의 발전은 고속 성장을 요구하고 있다. 기차는 마차를 능가했고, 자동차는 기차를 능가했고, 비행기는 자동차를 능가했고, 로켓은 비행기를 능가했다. 증기 기관은 기차의 바퀴를 돌리고, 내연 기관은 자동차의 바퀴를 돌리고, 프로펠러는 비행기를 앞으로 날게 추진한다. 제트기의 속도는 최고로 음속의 3배를 넘고, 로켓의 속도는 이보다도 더 빠르다.

고속과 고온은 밀접한 연관이 있다. 분사할 때 연료가 연소하는 온도는 대단히 높다. 로켓의 분사구에서 뿜어 나오는 눈부신 흰 기체의 온도는 5000℃에 달한다. 태양 표면의 온도가 6000℃ 내외인 점을 감안하면 엄청난 온도이다.

고속 비행하는 로켓에서 고에너지 연료가 연소하려면 특수한 분사 설비를 갖추어야 한다. 그러면 무엇이 5000℃의 온도에 견딜 수 있는가? 나무는 당연히 안 된다. 플라스틱도 당연히 안 된다. 유리도 안 되고 금속도 안 된다. 그러면 도자기는 어떤가? 일반 도자기는 금속보다 좋지만 너무 약하다.

과학자들은 일부 금속에 점토를 섞어 금속 도자기를 제조하였다. 금속 도자기는 금속과 도자기의 여러 가지 장점을 가지고 있다. 금속 도자기는 금속처럼 연성이 있지만 약하지 않으며, 도자기처럼 고온에 견디고 경도가 높고 항산화력이 있다. 코발트 함유량이 20%인 금속 도자기는 로켓 분사구의 고온에 얼마든지 잘 견딘다.

지금 제작하는 로켓은 대부분이 다단계 로켓이다. 금속 도자기 중의 금속이 다 없어질 때면 그 단계의 로켓 연료도 거의 연소되고 로켓이 운반체에서 떨어져 나간다. 그러면 운반체의 다른 한 단계의 로켓이 이어 분사되면서 계속하여 먼 하늘에 날아오른다.

또한 금속 도자기로는 금속을 칼로 무 베듯 한다. 금속 도자기를 원자 반응로에 이용하면 액체 상태 나트륨의 침식을 막을 수 있다.

금속 도자기는 세상에 등장한 지 30여 년밖에 안 되지만 이미 극히 중요한 첨단 과학 재료로 응용되고 있다.

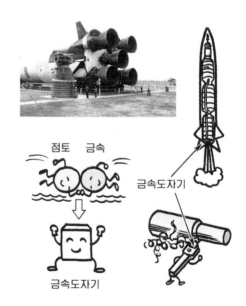

점토　금속

금속도자기

금속도자기

왜 고무는 탄성이 있는가

탄성은 고무의 중요한 성질이다. 천연 고무는 자체 길이의 9배까지 늘어났다가 다시 원상태로 회복된다. 절대 다수의 물질은 신축성에서 고무를 따르지 못한다.

천연 고무는 고무나무에서 나오는 즙에서 추출한다. 100여 년 전에 과학자들은 천연 고무의 성분을 연구하기 시작하였다. 그들은 고무를 유리병에 넣고 공기를 차단하는 조건에서 가열하였다. 이런 실험 방법을 건류라고 한다. 고무를 건류하면 일종의 액체가 얻어진다. 연구 결과 이 액체의 성분은 탄소 원자 5개와 수소 원자 8개로 이루어져 있다는 것을 밝혀냈고, 이 물질을 이소프렌(isoprene)이라고 명명했다.

간단한 이소프렌 분자들로부터 복잡한 고무를 제조할 수는 없는가?

이 연구 과제는 1879년에 이르러서 프랑스의 화학자 브 샬드에 의해 풀렸다. 이 화학자는 고무

이소프렌

를 건류할 때 분해되어 나온 이소프렌을 염산과 함께 가열하여 천연 고무와 비슷한 물질을 얻었다. 이 물질을 다시 건류하여 또 이소프렌을 얻었다.

이것은 아주 중대한 발견이었다. 만일 고무를 집으로 비유한다면 이소프렌은 이런 집을 짓는 벽돌이라고 비유할 수 있다. 고무를 구성하고 있는 분자는 이소프렌의 작은 분자들이 하나하나 연결된 긴 연결고리이다.

분자는 끊임없이 운동하면서 서로를 밀어낸다. 때문에 고무를 형성하고 있는 고분자 연결고리는 직선 상태로 존재하는 것이 아니라 꼬불꼬불한 상태로 존재한다. 뿐만 아니라 많은 분자들은 마치 헝클어진 털실뭉치와도 같다. 이 때 우리가 고무를 당기면 꾸불꾸불한 분자는 늘어나 길어지고, 놓으면 분자는 줄어들어 원래의 꼬불꼬불한 상태로 되돌아간다. 이것은 마치 털실로 짠 옷을 당기면 늘어나고, 놓으면 원래의 상태로 되돌아가는 것과 같다. 이것이 바로 고무가 왜 탄성이 있는가 하는 원인이다.

고무는 각종 타이어를 만드는 데 쓰이는 것 외에 보편적으로 완충재료로도 쓰인다. 자동차, 기차, 선박과 다리 등 여러 방면에 모두 고무를 쓰고 있다. 세계적으로 이미 수천 개의 다리에 고무 완충재를 사용하고 있다.

안료와 염료는 같은 것인가

안료와 염료는 모두 색깔과 관계되므로 사람들은 같은 것으로 여기고 있다. 사실 안료와 염료는 전혀 다른 두 가지 유형의 물질이다. 그것들은 화학 성분도 다르고 성질도 다르고 용도도 다르다.

안료는 보통 페인트와 연계되어 있다. 안료는 가구를 장식하는 데 쓰일 뿐만 아니라 공업에도 널리 쓰인다. 많은 안료는 무기물이다. 예를 들면 백악 가루 - 탄산칼슘, 연백 - 염기성 탄산납, 적색의 수은주 - 황화 수은, 흑색의 그을음 - 탄소 등이다. 대부분의 안료는 물에 용해되지 않고 은폐력이 아주 강하다. 낡은 자동차에 칠을 분사하면 새 차로 변한다. 안료는 또 그림을 그리는 데 쓰인다. 안료는 인쇄 잉크를 만드는 원료이며, 고무, 플라스틱, 사기와 종이 등 재료의 착색제이다.

염료는 많은 면에서 안료와 반대이다. 사람들은 늘 염색 보조제를 매개자로 하여 염료를 각종 방직물에 단단히 염색시킨다. 그것은 염료

가 대부분 유기물인 동시에 천연 섬유와 인공 섬유에 친근한 본능이 있기 때문이다. 예를 들면 알리자린, 산성 적색, 아닐린 흑 등이다. 염료는 대부분이 물에 용해되고 일부는 물에 용해되지 않는다. 물에 용해되지 않는 염료는 일정한 화학 처리(산화나 환원)를 하면 물에 용해된다. 염료는 염색 능력이 아주 강하여 적은 양의 염료로도 많은 천에 아름다운 색깔을 염색할 수 있다.

안료와 염료는 각기 자체의 특징을 가지고 있으므로 어느 것도 서로를 대체하지 못한다. 염료로는 물체 표면의 흔적을 덮지 못하고, 안료로는 천을 염색하지 못한다. 안료와 염료는 그 성능을 제대로 알고 잘 구분해서 써야 그 효력을 나타낼 수 있다.

왜 휘발유와 알코올은 몽땅 타버리지만 목재와 석탄은 재가 남는가

휘발유, 알코올, 목재, 석탄은 모두 흔히 보는 연료이다. 그런데 휘발유, 알코올은 몽땅 연소하여 아무것도 남지 않지만, 목재와 석탄은 연소하면 언제나 많은 재가 남는다. 그 이유는 무엇인가?

원래 휘발유와 알코올은 목재와 석탄에 비하면 그 조성이 훨씬 간단하다. 알코올은 순수한 유기물이다. 대부분의 유기물은 연소한다. 때문에 알코올에 불만 붙이면 몽땅 타서 없어진다. 즉 알코올은 전부 이산화탄소와 수증기로 변하여 공중에 날아가 버린다. 휘발유는 몇 가지 탄수화물로 조성된 혼합물이지만 그 몇 가지 탄수화물도 모두 쉽게 연소하기 때문에 조금도 남김 없이 몽땅 타버린다.

목재와 석탄은 상황이 다르다. 그것들의 조성은 아주 복잡하다. 목재 중의 섬유소, 반섬유소, 리그닌, 수지 등의 유기 화합물은 〈몽땅〉 탈 수 있는 성분이다. 그런데 나무가 생활하는 데에는 광물질이 필요하기 때문에 목재 중에는 일부 광물질이 함유되어 있다. 이런 광물질은 모두 연소하지 못한다. 목재가 연소할 때 유기물은 다 타버리고 이런 광물질이 재로 남는다.

석탄은 고대의 나무가 땅에 묻혀 생긴 것이다. 석탄의 성분에는 탄소와 일부 복잡한 유기물 외에 일부 광물질과 적지 않은 규산염이 포함되어 있다. 그러므로 석탄이 타면 목재보다 재가 더 많다.

이 밖에 풀과 곡식 짚 등 초본 식물이 타면 남는 재는 목재보다 많다. 그것은 초본 식물에 함유된 규산염과 광물질이 많기 때문에 타고 남는 재가 특히 많다. 식물이 생장할 때 흡수한 칼륨 원소는 식물이 탄 후 재에 남아 좋은 칼륨 비료가 된다.

왜 어떤 화학 약품은
갈색 병에 넣어야 하는가

햇빛은 만물을 변화시킨다. 수천만 톤의 물을 수증기로 변화시키고, 빙하를 녹여 물이 되게 하고 뜨거운 공기를 하늘에 올려보내 바람을 만든다.

햇빛은 수많은 물질들의 화학 반응을 촉진시킨다. 햇빛을 받은 색깔옷은 퇴색(산화 반응)하고, 사진 필름은 감광(분해 반응)되고, 푸른 잎은 수분과 이산화탄소를 포도당으로 변화(광합성 작용)시키고, 흰 인은 붉은인으로 변(이성화 반응)한다. 하지만 일단 해가 서산에 지면 대지에는 어둠이 찾아들고 모든 것이 고요히 잠(반응이 진행되지 않는다)이 든다.

빛은 화학 반응에서 아주 중요한 작용을 일으킨다. 빛은 에너지로서 물질의 분자를 들뜬 상태로 만들어 화학 반응이 일어나도록 하기 때문이다. 아인슈타인(Albert Einstein, 1879~1955)은 이렇게 말했다. 〈한 개의 광량자는 한 개의 분자가 화학 반응을 할 수 있도록 촉진할 수 있다.)

많고 많은 화학 반응은 빛을 떠날 수 없다. 하지만 어떤 때에는 빛이 골치 아픈 존재가 되기도 한다. 빛으로 인하여 많은 물질이 화학적 변화를 일으키기 때문이다. 예를 들어 사진을

아인슈타인

찍을 때에는 빛이 필요하지만, 필름을 보관할 때에는 빛이 필요하지 않다.

마찬가지 원리로 화학 실험실에서도 일부 화학 약품은 빛을 조금만 받아도 화학 반응을 일으키기 때문에 갈색이나 녹색, 짙은 남색과 같은 병에 넣어야 한다. 이렇게 약품이 햇빛을 받지 않게 차단하여 화학 작용이 일어나지 않도록 하면 쉽게 분해되거나 변질되지 않아 오래 보관할 수 있다.

왜 석유는
〈검은 금〉이라고 하는가

석유는 갈색 또는 흑색의 가연성 광물유이다. 사람들은 석유를 〈검은 금〉이라고도 하고 〈공업의 혈액〉이라고도 한다.

일찍이 사람들은 석유로 밥을 짓고 불을 켰다. 후에 사람들은 석유에서 휘발유를 증류하여 자동차와 비행기의 엔진 연료로, 또 디젤유를 증류하여 트랙터의 엔진 연료로 쓰고 있다.

석유에는 또 디젤유보다 더 무거운 〈중유〉가 남아 있다. 사람들은 중유 중의 기름을 추출해 내고 남은 찌꺼기(아스팔트)를 이용하여 길을 포장한다. 중유에서 증류해 낸 기름에서 또 각종 윤활유를 만든다.

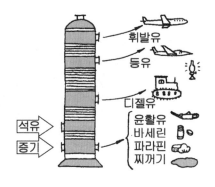

석유
증기

휘발유
등유
디젤유
윤활유
바세린
파라핀
찌꺼기

이 밖에 석유에서는 또 파라핀, 바셀린, 페인트 용매 등을 만든다. 이런 것들은 모두 중요한 공업 원료이다.

과학 기술의 발전에 따라 새로운 〈석유 화학 공업〉이 생겨났다. 석유 화학 공업이란 석유와 천연 가스를 화학적으로 가공하여 합성 가스, 에틸렌계 탄화수소, 방향족 탄화수소 등의 화학 공업 기초 원료를 생산하는 공업이다. 이런 화학 공업 기초 원료로는 각종 고분자 재료와 화학 제품을 생산할 수 있다. 현대 생활에서 사람들이 입고, 먹고, 살고, 다니는 데 있어서 석유를 떠날 수 없다. 예를 들면 비옷을 만드는 폴리염화비닐, 빗과 비누곽 등 일용품을 만드는 폴리스티렌, 〈합성 양털〉로 불리우는 폴리아크릴로니트릴, 옷감으로 쓰는 테릴렌, 해면과 같은 포말 플라스틱 외에 또 각종 합성 고무 제품, 약품, 합성 세척제, 염료, 농약, 향료와 〈폴리테트라플루오르에틸렌(PTFE)〉 등은 모두 석유에서 제조해 낸다.

왜 석탄을 연료로 쓰면
낭비라고 하는가

아주 오래 전에 인류는 석탄(coal)을 연료로만 사용하였다. 증기 기관이 발명된 후 석탄은 발전, 공장 가열, 기차의 시동, 일상 생활 등 각 분야에 더욱 많이 사용되었다.

석탄은 화력이 아주 세다. 그러나 석탄을 연료로 사용하면 아주 큰 낭비이다. 왜 그런가?

석탄은 보배덩어리이다. 석탄을 구성하는 주요 원소는 탄소이지만 대량의 수소, 산소, 질소, 유황, 인 등의 원소도 함유하고 있다. 이런 원소들은 대부분이 화합물의 형식으로 존재하고 있다. 석탄을 연료로 쓰면 이런 원소는 모두 낭비되어 버린다.

석탄을 건류하면 코크스, 석탄 타르, 석탄 가스 등의 물질을 얻을 수 있다. 코크스는 연소할 때 높은 열을 내므로 보통 금속 제련에 쓰인다. 석탄 타르는 검고 구린내가 나고 미끌미끌하고 걸쭉한 액체이다. 그러나 이것을 하찮게 여기지 말아야 한다. 석탄 타르를 증류하면 경유, 중간유와 중유를 얻을 수 있다. 경유와 중간유를 다시 처리하면 벤젠, 톨루엔, 페놀과 나프탈렌을 얻을 수 있다. 이 네 가지 물질은 모두 화학 공업의 중요한 원료이다. 벤젠과 나프탈렌으로는 염료, 살충제, 아스피린 등을, 톨루엔으로는 폭약, 염료를 만들 수 있고, 페놀로는 폭약, 소독제를 만들 수 있고 플라스틱의 원료로 쓸 수도 있다. 중유에 수소를 부가시키면 휘발유와 여러 가지 연료유를 만들 수 있다. 그것의 잔여물인 역청으로는 전극을 만들 수 있다. 역청은 또 길을 포장하는 좋은 재료이다.

석탄 가스에는 암모니아와 벤젠의 유도체가 함유되어 있다. 암모니아는 질소 비료와 질산을 제조하는 원료이다. 정제한 석탄 가스는 연료로 직접 쓸 수 있는 외에 수소와 메탄을 제조하는 데 쓸 수도 있다.

석탄은 중요한 공업 원료이다. 석탄을 연료로만 쓰면 석탄 중의 탄소만 이용하고 많은 귀중한 재료를 헛되이 버리게 되는 것이므로 아주 큰 낭비이다. 또한 석탄을 직접 연소시키면 환경을 심각하게 오염시키기 때문에 석탄의 종합적 이용은 향후 아주 중요한 과제이다.

왜 성냥을 그으면 불이 켜지는가

성냥은 전체가 쉽게 타는 물질로 이루어져 있다. 성냥알의 주요한 성분은 삼황화안티몬과 염소산칼륨이고, 그 몸체 - 성냥개비는 목질이 성긴 백양나무나 소나무로 되어 있다. 그 앞부분에는 파라핀과 송진을 충분히 침투시켰다. 성냥갑의 한쪽 옆에는 붉은인[赤燐]과 유리 가루를 발랐다.

성냥을 성냥갑에 대고 그으면 성냥알에 붉은인이 발리운다. 이 붉은인이 열을 받으면 불이 붙는다. 이때 성냥 알의 염소산칼륨이 열을 받아 산소를 방출한다. 이것이 재빨리 삼황화안티몬을 연소시킨다. 그리하여 성냥은 '칙' 하고 불이 켜진다.

성냥알의 연소 과정은 아주 빨리 진행되지만 성냥개비를 능히 연소시킬 수 있다. 성냥개비

의 연소 시간은 좀 길기 때문에 다른 물질을 능히 연소시킬 수 있다.

성냥이 생긴 후부터는 사람들은 불을 켜기가 아주 쉬워졌다. 하지만 몇 백 년 전에는 사람들이 성냥이란 것을 몰랐다. 그때의 사람들은 불을 얻기가 아주 힘들었다. 예를 들면 중세기의 병사들은 싸움할 때면 부싯돌을 꼭 가지고 다녀야 했다. 사격할 때면 부싯돌로 불을 켜서 도화선에 불을 붙였는데 1, 2분 걸려야 겨우 한 발 쏠 수 있었다.

세계적으로 첫 성냥은 1805년 솰셀이 발명하였다. 이 성냥의 성냥개비는 나무 막대기로 만들고, 성냥알의 주요한 성분은 염소산칼륨과 아라비아 고무의 혼합물을 바른 것이었다. 이 성냥은 사용할 때 성냥알에 유산을 묻히면 얼마 후에 성냥알이 격렬하게 연소하였다. 이런 성냥은 값이 비싸고 또 휴대하기 불편한 데다 짙은 황산까지 휴대해야 했기 때문에 위험성도 있었다. 때문에 이 성냥은 보급되지 못했다.

그 후 1827년 영국의 워커(John Walker 1781~1859)가 발명한 마찰식 성냥을 최초의 성냥으로 인정하게 되었다.

1834년에 이르러 세계는 성냥이 유행하였다. 처음 성냥알에는 발화약으로 흰인[白燐]을 발랐다. 흰인은 아주 쉽게 연소하는 물질이다. 흰인은 조금만 열을 받으면 연소한다. 때로 몸에 지

워커

닌 이런 성냥이 저절로 연소하면서 화재를 일으켰다. 또 흰인은 독성이 있기 때문에 성냥을 만드는 근로자들이 중독되었다. 이런 성냥을 사용하면 위험할 것이 당연하다.

후에 사람들은 인과 유황의 화합물인 삼황화사린을 성냥의 발화약

으로 썼다. 이런 성냥을 마찰 성냥이라고 하였다. 이런 성냥은 독이 없
지만 역시 쉽게 불이 났다. 벽에 마찰시키기만 하여도 불이 켜졌고, 심
지어는 옷에 마찰하여도 불이 켜졌다. 이런 성냥도 그리 안전하지 못
했다.

1844년 스웨덴에서 안전한 성냥이 최초로 생산되었다. 이런 성냥은
마찰하는 것만으로는 불을 켤 수 없다. 이런 성냥은 성냥갑 옆에 바른
붉은인에 마찰시켜야 불이
켜진다. 이 성냥은 앞에서
말한 흰인 성냥이나 마찰
성냥보다 훨씬 안전하다.

붉은인 가루

흑색 금속은 검은색인가, 희귀 금속은 모두 〈희소〉한가

 금속은 그 종류가 86가지인데 보통 흑색 금속과 유색 금속의 두 가지 유형으로 크게 나눈다.

사람들은 흑색 금속이라고 하면 꼭 검은색일 것이라고 오해하는데, 사실은 그렇지 않다. 흑색 금속은 철, 망간, 크롬 세 가지뿐이다. 이 세 가지 금속도 그 자체는 흑색이 아니다. 순수한 철과 망간은 은백색이고 크롬은 회백색이다. 그런데 철은 표면이 쉽게 산화되면서 흑색의 사산화삼철이나 짙은 갈색의 산화제이철 등의 혼합물이 표면을 덮고 있기 때문에 검은색으로 보인다. 사람들이 말하는 〈흑색 야금 공업〉은 주로 강철공업을 가리킨다. 흔히 보는 합금강은 망간강과 크롬강이므로 사람들은 망간과 크롬도 〈흑색 금속〉으로 친다.

철, 망간, 크롬 외의 다른 금속은 모두 유색 금속이다. 유색 금속에는 또 여러 가지 분류 방법이 있다. 예를 들면 알루미늄, 마그네슘, 리튬, 나트륨, 칼륨 등은 비중이 4.0보다 작으므로 〈경금속〉이라 부른다. 구리, 아연, 니켈, 수은, 주석, 납 등은 비중이 4.0보다 크므로 〈중금속〉이라 부른다. 금, 은, 백금, 오스뮴, 이리듐 등은 비교적 귀해서 〈귀금속〉이라 부른다. 라듐, 우라늄, 토륨, 폴로늄 등은 방사성을 가지고 있으므로 〈방사성 금속〉이라 부른다. 니오브, 탄탈, 지르코늄, 루테튬, 하프늄, 우라늄 등은 지각 중의 함량이 아주 적거나 분산되어 있기 때문에 〈희귀 금속〉이라 부른다.

희귀 금속은 53가지이다. 사람들은 희귀 금속이라 하여 아주 희소한 금속이라고 생각할 수 있다. 물론 일부 희귀 금속은 이름에 부합되게 아주 희소하나, 일부 희귀 금속은 그 매장량이 희소하지 않다. 예를 들면 희귀 금속 루비듐은 지각에서의 매장량이 구리, 아연, 납보다 몇 배나 더 많다. 리튬, 토륨, 이리듐 등의 희귀 금속은 그 매장량이 납보다 많고 지르코늄의 매장량은 구리와 비슷하다.

일부 희귀 금속이 희소하지 않은데도 왜 〈희귀〉란 꼬리표를 붙여 놓았는가?

원래 희귀 금속은 흔히 분포가 집중되지 않아 그것들의 〈집합체〉인 대광상을 찾기 어렵고, 또 광석에서 제련해 내기도 아주 어려웠다. 과거에는 이런 금속을 찾아서 채굴할 능력이 없었기 때문에 그것들을 〈희귀〉금속이라 인정했다. 그러나 과학 기술이 발전함에 따라 희귀 금속의 생산량이 월등하게 증가하였고, 적지 않은 〈희귀 금속〉이 금속 무대에서 〈명배우〉가 되었다.